树木盆景造型技艺详解

SHUMU PENJING ZAOXING JIYI XIANGJIE

曹宪烨 编著

中国林业出版社

作者简介

曾宪烨，1947年生，广东阳江市人，中国杰出盆景艺术家，广东岭南盆景艺术大师，阳江市江城盆景协会副会长兼秘书长。亚洲中国美术家协会会员，国家一级美术师。平生喜习书、画。尤喜雄鹰的矫健、威猛，黄山的险峻、雄奇。2016年举办曾宪烨国画作品展，印有《曾宪烨作品专辑》。作品多为盆景界朋友收藏。

1986年起参与盆景创作，盆景作品深受岭南画派的影响，注重意境，崇尚自然；因材造型，雄、秀、清、奇，不拘一格；师古而不昵古。特别注重技法、枝法和造型形式的探索，强调"外师造化，中得心源"；"法无定法、无法之法为至法"。主张剪刀、相机、笔杆三位一体，全面发展。发表盆景学术文章200多篇。出版有《树木盆景造型养护与欣赏（与马文其先生合作）》《新编盆景造型技艺图解》《盆景造型技艺图解（最新彩色版）》《中华文化名家艺术成就邮票卡纪念珍藏册》。参与了《观果盆景培育造型与养护》《观叶盆景培育造型与养护》《杂木盆景培育造型与养护》的写作。盆景代表作《傲骨欺风》《吉庆满堂》《醉邀明月》《清影摇风》《龙起云骧》《沧海云帆》获"粤港澳台岭南盆景艺术博览会"第二、第三、第五、第九届佳作奖、紫荆奖、铜奖。《有容乃大》获第一届广东省盆景协会会员作品展金奖。《激冰飞歌》《迎宾接福》分别获"阳江市文化江城艺术节"盆景类金奖、银奖。

二十多年来，举行不定期的艺术讲课，言传身教。并在"岭南盆景论坛"任总版主，主持《盆景深度探讨》栏目，讲解岭南盆景技法，探讨盆景造型技艺，为推动岭南盆景事业的发展贡献微薄之力。

图书在版编目（CIP）数据

树木盆景造型技艺详解 / 曾宪烨编著. -- 北京：中国林业出版社，2017.8（2021.7重印）

ISBN 978-7-5038-9166-3

Ⅰ.①树… Ⅱ.①曾… Ⅲ.①盆景－观赏园艺 Ⅳ.①S688.1

中国版本图书馆CIP数据核字（2017）第166722号

责任编辑：张　华

出版发行　中国林业出版社（100009　北京西城区德内大街刘海胡同7号）
　　　　　　E-mail：shula5@163.com　电话：（010）83143566
印刷　河北京平诚乾印刷有限公司
版次　2017年10月第1版
印次　2021年7月第3次
开本　889mm×1194mm　1/16
印张　18
字数　568千字
定价　88元

前 言

P R E F A C E

　　玩盆景30年了。《盆景造型技艺图解（最新彩色版）》出版发行也4年了，《新编盆景造型技艺图解》更是发行8年多了。我在岭南盆景论坛当总版主也10多年了。其中感触最大的是：玩盆景，路子一定要正。

　　常见一些朋友，玩盆景也有20多年了，但就是很难拿出一个比较像样的作品来。究其原因，总的来讲还是不注重美学中的理论研究，对于形式美中的美学共识把握不准、朝秦暮楚、心中无底，不是人去玩盆景、去支配盆景，而是反过来，让盆景玩了人。

　　盆景艺术是最花时间的一门艺术，岭南盆景最基本的成型时间是20年。人的一生有多少个20年？故此，根据一些好友的意见，也应中国林业出版社之约，重新就树木盆景的造型技艺、制作过程、养护管理，作了更详细的解说，希望能更好地帮助一些喜欢玩盆景的人。

　　本书的大部分资料来源于"岭南盆景论坛"，也可以讲是我在论坛"盆景深度探讨"栏目中的多年探讨总结。感谢广东省盆景协会给了我们这样一个好的研讨平台，感谢岭南盆景论坛广大网友的支持、努力、付出。希望岭南盆景得以更好的发扬、推广、提高。

　　阳江市江城盆景协会是一个以理论和技艺研讨为重点的协会。在此对协会副秘书长李立均先生在本书的编写过程中，对书的校对、核定所作出的辛劳表示衷心的感谢！对协会会长冯龙生先生和全体会员的支持表示衷心的感谢！更希望得到同行们的批评、指正。

曾宪烨

2017年6月

题名：依石听涛声　　树种：雀梅　　作者：刘耀辉

目 录

CONTENTS

第四章　作品成型轨迹 /187

第五章　树木盆景的栽培管理　主要树种　配盆装饰 /217

第六章　作品赏评 /243

第七章　新品欣赏 /261

树种：九里香　作者：劳锦坚

第一章 》

简说岭南盆景

树种：相思　作者：梁振华

岭南盆景简介

岭南派盆景简称岭南派，是以岭南地区命名的盆景艺术流派。包括广东、广西和香港、澳门等地，广州是其中心地。选用萌芽力强的树种作为材料，吸收岭南画派的技法，以高度符合自然树形为造型方向。加工技法是"因材造型、截干蓄枝"，枝线以剪为主，人们称其为"一把剪的艺术"。树形特色鲜明：树干曲折苍古或细直瘦劲；树冠、枝托一般不做明显层次；多采用鸡爪枝、鹿角枝，向自然树相靠拢；树干、树枝分布主次分明，脉络清楚，注重布局上的争让、聚散、呼应、顾盼法则，每条枝托剪截下来可独自成景。树相挺拔、古拙、质朴。艺术风格可以概括为8个字：雄浑苍劲，流畅自然。岭南派盆景是公认的最接近自然的盆景流派。

岭南盆景艺术风格的真正形成，则是20世纪30年代以后的事。20世纪末，特别是受到岭南画派的影响，一部分广东画家既善于绘事，又爱玩盆景，在造型上进行了大胆改革，以画意为本，逐步扩大树种范围，成为当今岭南盆景的雏形。那时，广东盆景分作三个流派：一是以盆景艺术大师孔泰初为首的一派，树形苍劲浑厚，树冠秀茂稠密，构图严谨，表现旷野古木的风姿；二是以广州三元宫道士为首的一派，主要利用将要枯死的树桩作材料，经过精心培育，从某一部分长出新芽，以潇洒流畅为贵；三是以广州海幢寺的素仁和尚为首的一派，树相扶疏挺拔，屹立云霄，枝托虽少而不觉空虚，含蓄简括，高雅自然，很有点郑板桥"冗繁削尽留清瘦""一枝一叶总关情"的诗意。孔泰初担任技术指导的广州盆景协会的西苑基地，将三个流派的优点集中起来融为一体而成为完整、独特的岭南派，使岭南盆景的艺术造型更加变幻莫测，千姿百态。

"截干蓄枝"法，是岭南派造型的基本技法，有很高的审美价值。有时为了观赏枝托的角爪美，故意摘去叶片，称为"脱衣换锦"，这时可认真观赏到每一枝托的力度、节奏、韵律和空间变化美，能认真领悟到枝的四歧分布，干身的古朴苍劲，头根的靴霸等各种美感元素，这是其他盆景流派难以达到的艺术效果。

岭南盆景与岭南画派的关系

岭南画派是指由广东籍画家组成的一地域画派。创始人为高剑父、高奇峰、陈树人。简称"二高一陈"。其主张"笔墨当随时代，折衷中西，融汇古今"。岭南画派注重写生，融汇中西绘画之长，当代代表人物有关山月、黎雄才。岭南盆景与岭南画派二者一脉相承。孔泰初本就懂绘画，他和一些懂画的盆友把绘画中的理论、美学共识灵活地运用到盆景创作中来，使盆景艺术有了理论性的指导，从而产生质的飞跃。岭南盆景讲究"因材造型"，以大自然为摹本，造型手法灵活多变。笔者自幼喜好绘画，走的是岭南画派之路，后又喜欢上盆景，在创作中将绘画中的理论知识运用到盆景创作中来，从而少走或不走弯路，二者相互相承、相得益彰。图1-1是黎雄才先生创作的盆松国画作品，是参观西苑盆展后所作。图1-2是顺德盆景协会朱本南先生的山松作品。图1-3是笔者依据朱本南先生的山松作品创作的国画作品《傲骨》。图1-4是黄山松的风景摄影。图1-5是笔者的国画作品《忆黄山》。

图1-1 黎雄才国画作品

图1-2 朱本南山松作品

图1-3 曾宪烨作品

图1-4 黄山松风景摄影

从以上几图可见：岭南盆景的创作与岭南画派是密不可分的。

图1-5 曾宪烨作品

岭南盆景的美学共识：形式美的基本法则

探讨形式美的法则，几乎是艺术学科共同的课题，形式美是摄影构图的美学基础，形式美是艺术性的外在体现。

绘画、书法、摄影、园林中形式美法则的运用与盆景创作中形式美的运用是一脉相承的。艺术间的相互渗透、贯通是创作中个人灵感和风格的最好表现。

形式美是盆景审美中的一项重要标准。形式美法则的应用，就是盆景创作过程中的理论依据之一。

和谐　和谐的广义解释是：判断两种以上的要素，或部分与部分的相互关系时，各部分给我们所感觉和意识的是一种整体协调的关系。和谐的狭义解释是统一与对比两者之间不是乏味单调或杂乱无章。单独的一种颜色、单独的一根线条无所谓和谐，几种要素具有基本的共同性和融合性才称为和谐。和谐的组合也保持部分的差异性，但当差异性表现为强烈和显著时，和谐的格局会向对比的格局转化。

对比　对比又称对照，把质或量反差甚大的两个要素成功地配列于一起，使人感受到鲜明强烈的感触而仍具有统一感的现象称为对比，它能使主题更加鲜明，作品更加活跃。对比关系主要通过色调的明暗冷暖，形状的大小、粗细、长短、方圆，方向的垂直、水平、倾斜，数量的多少，距离的远近疏密，图地的虚实，黑白轻重，形象态势的动静等多方面的因素来达到。

对称　对称又名均齐，假定在某一图形的中央设一条垂直线，将图形划分为相等的左右两部分，其左右两部分的形量

图1-6　伍宜孙作品

这是伍宜孙大师的英杉连根林造型作品。作品中的和谐元素：1. 所有干呈直线上伸；2. 所有枝呈反弧线下垂；3. 盆色、盆面色、绿叶色基本相同；4. 树干与几架的褐色基本相同；5. 主、副干布置于盆的黄金分割位置上；这就是作品中线条、色彩、构图中的和谐。过于协调、和谐会出现沉闷，所以要出格："万绿丛中一点红"，"万绿"是和谐；"红一点"是不和谐，是色彩上的不协调、强对比。"同气连枝"四字题于右上角、朱红双印压之就是和谐中的不协调，是形式美在摄影构图中的活用

图1-7　香港圆玄学院罗汉松作品

这是香港圆玄学院的海岛罗汉松大悬崖式作品。作品中的对比元素：1. 方形高几架的直线、高筒盆的直线与下飘的呈"S"形的桩身软弧曲线；2. 绿叶间面积的大与小；3. 枝片外轮廓空间的大与小；4. 印章的红与叶的绿；5. 枝叶间的疏与密；6. 桩、盆、几架三者所占的面积与题字的面积

完全相等，这个图形就是左右对称的图形，这条垂直线称为对称轴。

平衡　在平衡器上两端承受的重量由一个支点支持，当双方获得力学上的平衡状态时，称为平衡。

这对立体物来讲是指实际的重量关系。在图案构成设计上的平衡并非实际重量的均等关系，而是根据图像的形量、大小、轻重、色彩及材质的分布作用于视觉判断的平衡。在平面上常以中轴线、中心线、中心点保持形量关系的平衡，同时关联到形象的动势和重心等因素。在生活现象中，平衡是动态的特征，如人体运动、鸟的飞翔、兽的奔驰、风吹草动、流水激浪等都是平衡的形式，因而平衡的构成具有动态。

比例　比例是部分与部分或部分与全体之间的数量关系。它是比"对称"更为详密的比例概念。

人们在长期的生产实践和生活活动中一直运用着比例关系，并以人体自身的尺度为中心，根据自身活动的方便总结出各种尺度标准，体现于衣食住行的器用和工具的形制之中，成为人体工程学的重要内容。比例是构成设计中一切单位大小以及各单位间编排组合的重要因素。

重心　重心在立体器物上是指器物内部各部分所受重力的合力的作用点，对一般器物求重心的常用方法是：用线悬挂物体，平衡时，重心一定在悬挂线或悬挂线的延长线上；然后握悬挂线的另一点，平衡后，重心也必定在新悬挂线或新悬挂线的延长线上，前后两线的交点即物体的重心位置。任何物体的重心位置都和视觉的安定有紧密的关系。

人的视觉安定与造型的形式美的关系比较复杂，人的视线接触物体或画面，视线常常迅速由左上角到左下角，再通过中

图1-8　罗崇辉特大型九里香作品《粤顺双星》

这是一基本上以中轴线为对称轴的对称元素较重的作品。盆景造型中等量对称给人死板枯燥的感觉。而不等量对称就能很好地解决这一矛盾。如何活用，这值得认真思考

图1-9　曾宪烨作品《闲庭信步》

这是一水影式造型的作品。树相整体外悬，树的重心飘离盆外。但从配盆和座架的量感、色感上都大于桩身的重量。故给人的视觉判断是平衡的。也许一些人会觉得在盆面上再放置一石块会更好点，当真如此，可能就是画蛇添足了

图1-10　曾安昌九里香作品

1：0.618是公认的黄金分割比。盆景中约=1/3：2/3该作品中左第一重点枝的起托位置正好是桩高的2/3；从树顶往下数即是桩高的1/3；树桩的栽植位置从右到左也正好是盆长的1/3。这就是黄金比的运用

图1-11　周春池罗汉松作品

这是构图呈等腰三角形的单干大树造型作品。

三角形三条边的中点连线相交点O是作品几何学上的重心点；树桩的重心落在盆的正中位置上，加上树干的矮劲雄霸直接就给人一种稳如泰山的视觉冲击

图1-12　江锦荣红果作品

这是江锦荣先生大悬崖式造型的红果作品。

主干由正反不同方向的3段半圆弧线组成。起、伏、起这就是主干线的运动节奏；树干有运动节奏，同样，枝的主脉、副脉也存在着节奏。调谐的整体的节奏就形成韵律

图1-13　陆志泉作品

这是陆志泉大师的朴树组合：春林雀跃。

作品由大小、高矮、形状不同的11干组成，主、客、陪得当合理；所有干势呈直线上昂；枝线尾梢呈45度角上扬，整体节奏和谐，韵律雀跃兴奋，很好地加强了作品的主题意境；艺术是相通的，形式美的法则是无处不在的，一通百通则一切难题可迎刃而解

心部分至右上角经右下角，然后回到以画面中心为重点的视圈停留下来，因此画面的中心点就是视觉的重心点。但画面图像轮廓的变化，图形的聚散，色彩或明暗的分布都可对视觉重心产生影响（注意：这里讲的是平面构成中画面的重心而不是物体的重心）。

节奏　节奏本是音乐中音响节拍轻重缓急的变化和重复。节奏这个具有时间感的用语在构成设计上指以同一要素连续重复时所产生的运动感。

反复、重复、连续的运动就会产生节奏，有节奏就有韵律。

韵律　韵律原指诗歌的声韵和节奏，诗歌中音的高低、轻重、长短的组合，匀称的间歇或停顿，一定地位上相同音色的反复及句末、行末利用同韵同调的音相加强诗歌的音乐性和节奏感，就是韵律的运用。平面构成中单纯的单元组合重复易于单调，由有规律变化的形象或色群间以数比、等比处理排列，使之产生音乐、诗歌的旋律感，称为韵律。有韵律的构成具有积极的生气，加强魅力的能量。

岭南盆景的评比标准和评比方法

评比标准

参评的作品要求树气顺畅，枝爪蓄养年功显见，布局合理，结顶自然，成熟。

1. 作品整体造型（30分）：富有诗情画意，形格鲜明。构图优美，布局合理，主次分明。有藏有露，虚实得当。气韵生动，顾盼传神，互相呼应。

2. 根、干（25分）：根盘舒展有力，生长形态能配合树干的形状及作品造型要求，根据位置大小与树干、树型相配，裸露得宜。树干有筋有骨有变化，大小比例过渡合理。

3. 枝法布局（35分）：运用"蓄枝截干"手法，剪扎结合（剪为主扎为副），枝托四歧分布，布局合理。枝条流畅有变化，脉络相贯，清晰可辨 。幼枝分布均匀，有聚有散，层次分明。

4. 配盆（6分）：盆的形状、大小、色泽与作品配合得当，盆面处理美观、雅洁、大方。

5. 题名（4分）：贴切，精炼，高雅，寓意深长，起到点明作品主题，概括意境作用。

6. 作品规格

①特大型盆景：121～180厘米。②大型盆景：91～120厘米。③中型盆景：51～90厘米。④小型盆景：16～50厘米。⑤微型组合盆景：5盆以上树高16厘米以下。⑥山水盆景：树高120厘米以内，盆长120厘米以内。

注：树的高度从盆面上测量，悬崖式以盆口至树尾梢直线长度计算。

评比方法

1. 以"公正、合理、公开"为原则，每次展览活动由组委会聘请有关专家组成员组成评委委员会（不少于7人）、监督委员会（不少于3人），开展评比的监督工作，评委和监委成员，在盆景界中具备权威性及专业性。

2. 评比过程，由评委单独逐件对参展作品按标准，采取百分制综合打分，统计时去掉一个最高分和一个最低分后计算总得分，后按总得分由高至低排出名次。

注：评分档次

第一档：占参展作品5%～10%（91～98分以上）；

第二档：占参展作品15%～20%（81～88分以上）；

第三档：占参展作品20%～30%（71～78分以上）；

第四档：60～68分。

3. 监委监督整个评比过程并复审评比结果，对个别评比出现偏差较大的作品，有权提出复评，由评委和监委一起重新评定。

4. 组委会在展览期间公布每个评委的评分，并设咨询回答观众、作者的提问。

广东省盆景协会
2008年5月28日

如何赏析岭南盆景

盆景的欣赏因观赏者的年龄、阶层、喜好、目的、审美观不同而不同，我们平时讲的"行货"即市面上的商品盆景，其注重的是迎合大众的口味，作品整体造型以叶片茂盛、翠绿，长相欣欣向荣、生机勃勃为主。个人喜好型的则偏重于自己喜欢，"老子天下第一，唯我独尊"。而艺术追求型的则必须以岭南盆景评比标准为准绳，处处严格要求，务求一致，来不得半点马虎。

总的赏析原则：首先要从作品的整体大效果、大气势出发，第一眼的感观要给人一种强烈的视觉冲击，在整个展场中出彩。再而仔细观赏作品的整体构图，神韵是否出新、有创意，根干与整体形格是否配合，枝法布局是否合理，源于自然而高于自然，最后看作品的题名、配盆、几架组合是否协调统一。

盆景是一种艺术，必须符合形式美的基本法则：有意境，有主题，有时代气息，能表达个人的思想情感。

图1-14 题名：一帆风顺 树种：山橘 作者：曾宪烨

岭南盆景的艺术特点

雄伟苍劲，纯朴自然是岭南盆景的鲜明特色。一盆成功的盆景，从树头到干枝都分布均匀，神韵有致，刚劲有力。随便剪下一个枝托(有的略加修剪)，都符合独立的盆景造型标准，甚至把整株树桩"脱衣换锦"（即摘去叶片）后，仍保持树型的优美和自然风貌，毫无矫揉造作，而且更能显示出盆树的骨干苍劲和枝托间的流畅自然，这是岭南盆景的独特之处。

截干蓄枝是岭南盆景的主要艺术手法。所谓截干，就是将原桩的主干截断后，起用原侧枝作今后造型的主干，从而达到降低作品成型高度的作用。蓄枝分蓄顶枝和侧枝，方法相同。就是利用原来干身上新萌的芽，待其长到比主干稍细时，便将横桠留下一寸多长(所留横桠不少于两个芽位)，多余部分剪去；待留下的横桠再长出新的横枝，并长到比横桠稍细时，又留下一寸多长，把余下枝条剪去，如此反复进行。这种截、蓄的修剪手法，能使所培的枝出现长短和前后左右的节奏韵律及空间变化，出现人为的线条美感，妙似绘画的明朗笔触，其构图布局犹如在绘枝托，一枝接一枝，枝枝有交代，最终把枝托修剪成"鹿角式"或"鸡爪式"。这种修剪功夫，特别需要耐心和毅力，因为每修剪出一寸枝条，就得花上一两年时间，要修剪出一盆枝繁叶茂、生机勃勃的精品盆景，需要10～20年功夫，或更长的时间。从一芽做起，这就是岭南盆景中截与蓄的真谛。

分段培育进行艺术整型是岭南盆景的主要培育方法。树桩盆景的成型是一相当漫长的过程。正确地分阶段进行培育是最好的办法。育桩阶段：首要目的是要保证树桩成活，否则，一切空谈。育桩时选新鲜无污染的粗颗粒状的河砂为主要介质，疏水透气为准则，保温保湿为条件。直到新根苗壮生长方为成功。蓄枝阶段：使新芽生长成新枝，并使新枝快速长粗达到自己理想中的粗度是终极目的。大肥大水、疏枝调控……各种手段，一切都是为了得到后续的各级枝节。成型阶段：当枝蓄聚到6～7节、树相达7成熟时进入成型阶段。目的，调和统一树姿，加强横角枝密度并向心目中的创作主题靠拢。成型后期：保持作品正常生长、不变形，严格要求，增强共识，进一步完善、提高。

图1-15　题名：松魂　　树种：山松　　作者：李立均

岭南盆景的艺术风格

源于自然，高于自然　岭南盆景的创作思想是崇尚自然，以自然界的树木形态为师，达到形似、神似的艺术效果。无论是古拙嶙峋的大树型或是飘逸潇洒的画意树都会给人一种天然古朴的印象。当你流连在一盆岭南盆景前，你会首先感觉到它是一棵生长在自然界的古树，是一双神奇的手把它缩小在盆钵之中。然而再仔细观赏，又会发现，它的一枝一托，从树头到树干到分枝都分布得那么巧妙自然，均匀合理。透过这完美的整体造型，让人们得到一种天然美的陶醉与享受。它的美是含蓄的、自然的，艺人的一切加工、一切雕饰的痕迹都深藏不露地融于树形的整体之中。

形神兼备，传情达意　岭南盆景不仅有自然界树木"形似"的美，而且每一种造型都有其个性特征，独具神态和意境。老榕型的盘根错节，苍老嶙峋，枝干的回旋、伸延、扩散，枝繁叶茂，覆盖婆娑。这样的形态使人联想到岁月漫长，人生易老。木棉树型的雄伟挺拔、气贯云霄，给人以踌躇满志之情。斜干型则轻盈潇洒，清雅飘逸，充满动感，让你脱俗超凡，涤荡一切烦恼。双干树型，树与树的相互顾盼，枝与枝的互相追逐互为传情，人世间的情与爱，流露无遗。悬崖树型跌宕险峻、悬根露爪，咬定悬崖不放松的形态，鼓舞人们与风雨搏斗、宁死不屈的气概。

师承画理，深入造化　岭南盆景之所以能够博得"立体的画，无声的诗"的美誉，是因为它的艺术风格具有师承画理，深入造化之能。岭南盆景与岭南画派一脉相承。岭南盆景的创作思维和手法是将中国画的有关技法，形式美法则、审美共识融汇一体。立意、构图、聚散、争让、疏密、比例、对比、和谐、重心、顾盼、呼应、对称、统一、节奏、韵律等等，无一不和画理相通，画是在平面的二维空间中表现三维空间美。而盆景是有生命的艺术，是在三维空间中展现四维空间美。

图1-16　题名：同本同源　树种：九里香　作者：曾宪烨

第二章 》

树木盆景造型技法实例详解

题名：云崖揽胜　树种：山橘　作者：赖永雄

因材造型

野生桩和家培桩的优点与缺点

　　树桩盆景选材于野生桩和家培桩，野生桩由于受大自然环境气候的影响，一般都比较苍古、怪异，年岁长久，能突出原树种的品性、韵味，符合人们对盆景"千年矮树、高不盈尺"的观赏要求，故为首选。缺点是自然界害虫多，野生桩多少都有点残缺、孱弱、老化。大型、特大型桩多来源于野生。家培桩是种子实生苗桩，健康、年岁少，容易改型塑造，可人为地得到预想的各种形格，一般可边培边造型，缩短作品的成型时间。缺点是少一点自然野趣、古朴、厚重之感。二者相对而言，野生资源有限，家培桩将是今后玩盆景的主要来源。

例一　如何利用桩材的精华个性进行造型

　　选桩、截桩，是盆景造型中因材造型中最为关键的第一步。缤纷众多的桩材中如何选择出自己喜欢的桩、有前途有个性的桩，这对于一些初玩盆景的人来讲十分重要。常见一些玩了十多年的盆友都不能很好地把握选桩的标准，在弯路上来来回回折腾，白白浪费时间，感到十分无奈。好的桩材要：①要有符合既定的盆景造型的固有形格。②根、干必须与这一形格相配合。③要有尽多可能利用得上的原托，这是减少成型时间的关键。④干身要过渡自然，各截口要小。⑤桩要健康、壮龄。⑥要有力有势。⑦树种最好长寿。能达到上面几点要求的可谓上上桩材。

　　桩材分析　很多人认为图2-1这桩杂乱，根、干主次不分，无从下手。但细看，这桩非常有个性：主根裸露高耸，差不多与主干同粗，副根多，卷曲组合，与主根同气；干身弯曲、收尖顺畅，有原托可利用。从图可见，这是一集孤峰秃顶、提根、悬崖三造型于一体的上好桩。基本符合上面选桩的7点要求。桩有两主干，上干有曲度有空间变化、收尖自然。下干中间两段硬直、长，少空间变化，少可利用的原托。图2-2，两干后走，远离观众，不符合观赏习惯。故，图2-1应是主观赏面。

　　从图2-3可见，桩根裸露高提、散，不集结。但可手术调适。

图2-1　网友"心景入画"的山橘桩正面照

截桩分析 截桩后干身精华尽显，达到力度美、节奏美、韵律美、空间变化美的四美要求。根调适合集结一体，重心稳定，完全可支撑右边干身的重量，适合配用圆盆，与树相、形格相统一（图2-4）。

造型设计分析 造型以加长主干悬垂度为主，注意后续培育干身的空间变化，节与节之间的长短互换，力求全桩干身翻卷扭动，突出桩的个性、精华（图2-5）。

从图2-6可见，作品主干E呈N字形，立体空间变化强劲，线条有中国书法中草书的狂野态势；A枝左展，B枝右展，右后走位，C枝与主干走势相同，D枝右展走位右前。枝四歧。成型后树相动感强烈，造型险峻，争让得体，既有悬崖型的飘、跌，又有孤峰秃顶的奇、趣，更有提根裸姿的美。桩相怪异，给人耳目一新之感。

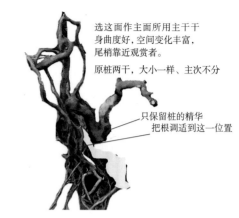

选这面作主面所用主干干身曲度好，空间变化丰富，尾梢靠近观赏者。

原桩两干，大小一样、主次不分

只保留桩的精华把根调适到这一位置

图2-4 是截桩、调根的具体分析

这是一上上桩集孤峰秃顶和悬崖于一体。桩相怪异、造型奇险

图2-5 初步造型配盆的效果

图2-2 背面

图2-3 用红线把桩的精华部位，即根干的主运动线标示出来

A
B
桩高黄金位
C
E
桩高黄金位
D

图2-6 成型后效果分析

例二　如何因材进行树桩设计

　　面对一树桩，如何进行构思设计，对于一些已进入了盆景创作大门的人来讲，都还存有相当高的难度，更不要说是初学者了。盆景是一门综合艺术，要有好的文学修养、要懂美学共识、要懂栽培管理、要熟知园艺技术、要有一不急不燥的心……。具体到某一树桩，就要作具体的分析：首先要分析桩的优点、缺点、桩的个性，找出主干和可利用的原托，定出形格，加进作者的情感、利用干势和原托布势、布枝……尽可能地发挥桩材的个性，并把自己想要表达的意思在进行构思造型的过程中表露出来。下面就"音韵繁华SY"的一雌老鸦柿桩谈下自己的构思设计过程。

　　桩材分析　图2-7是作者已选定主观赏面。桩健康、下山时间短、根四歧、有板根、中根、小根，成活率极高；干，分两组，初看主次不明显，细看可看出右干是由三小干集合而成；两干分枝明确，枝托空间走位合理，可利用率高，（即岭南盆景造型枝的关键第一节已取得，就这一点已缩短成型时间3～5年）。常见一些人问：怎样才能选得好的桩材？我的意思是：能达到上面列举的条件的桩，就是好桩（特别是能带原托作为伴嫁的第一节的桩）。这桩应归属矮大树型格，属上上桩。

　　截桩分析　1是正前粗根，顶心，且再短截；2、3、4属中小根也且短截一点点。这样截根目的是为今后上观赏盆露根时相互参差，视感好（图2-8）。

　　造型设计分析　取不等边三角形构图，在稳重中求变化、求灵动。A为全桩重点枝，出枝点在桩左黄金位，取势左飘，走位正左；B为右向重点枝，出枝点为桩右黄金位，取势右展，走位右前；A与B构成不等边三角形的底边奠定桩相端庄稳重的整

体大效果。C左前枝，D右后枝，E正左枝，F右后枝，G后枝，H前枝。布枝四歧，树相丰满（图2-9、图2-10）。

　　可见，因材截桩、造型，尽可能地利用原有伴嫁托是加速作品成型的关键。

图2-7　老鸦柿正面桩

图2-8　截枝定托分析

副干由四枝组合

定主干和顶托

定大树形重点枝

定副干顶高

减弱副干粗，利用为托

截弃，抽空、减粗

定为右第一托

图2-9　依分析绘出成型设计图

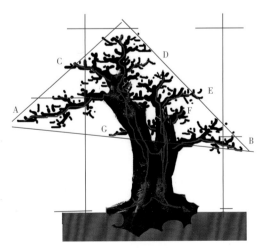

图2-10　作品分析

图2-11　作品设计墨线图

例三 如何发现问题、解决问题

玩盆景，心态不同、目的不同，则会出现不同的玩法。

个人喜欢型：纯属个人喜好，树种、形态、造型、赏叶、赏果、观骨架……一切一切，只要自己喜欢则可。自娱自乐，自我陶醉，不管别人如何砸砖、批改、夸赞，我行我素，唯我独尊。

商品型：一切为了赚钱。故选桩、截桩、截根、造型都不够严格，处处留有余地。枝多点、桩高点、大气点、相好看点、迎合买者心态、市场需求，希望能卖个好价钱。

艺术型：把盆景作为一种艺术来追求。以参加全省、全国乃至世界展览拿大奖为目标。严格按照盆景的评比标准、美学共识美学规律来对待自己的作品，多方吸取别人的意见、认真思考，一改再改，力求尽善尽美。

下面就网友"心景入画"的一山橘半成品桩，谈谈个人的看法。

桩材分析 90%的人都认为：图2-12山橘这一树种，作者能玩成这样，水平很

图2-12 这是"心景入画"发在岭南盆景论坛盆景自由讲栏目里的半成品桩，要求大家提意见进一步提高改进

高，好！好！！好！！！呼声一片。但我在认真观看、研究后，从艺术的角度去严格要求，却发现还存在不少问题。

①桩材属曲高干型，正立栽，重心落在桩脚上取势过于死板、失去桩身原有的曲线美、韵律美。②从图2-13可见，作品左重点枝第1节下垂，2、3、4、5节枝连续下走呈下泻势，枝线软弱无力。③现结顶枝左展使左重点枝成内角腋枝，不雅。④现照角度偏俯角，左根前顶，不是最佳观赏角度。⑤配盆为圆盆，过于厚重规整，不符合桩型。

要解决以上的各项矛盾，个人认为只要把桩向右旋转45度变成斜干拖枝造型，则一切可迎刃而解。

造型设计分析 首先，干身斜立能尽显原桩的曲线精华，改顶枝右展，桩身主运动线成斜45度，动感加强，势险；再而左重点枝第一节成平出，化解下垂卸肩之态，并与干身走势相同，呈外张拖枝态，很好地起到稳定作品造型中的险势并有回固重心的作用；最后在这枝的中部制作一节上行枝，使这枝出现空间和节律变化，犹如黄河顺流而下，中遇巨石阻挡，水流急激逆转后再顺流而下，枝线出现强而有力的变化，使枝线的韵律美、节奏美得到进一步加强（图2-15）。

配用长方形浅盆，加大视野的开阔空间感，左前根裸露爪立与右倾干身起到锚定稳固作用（图2-16）。

盆右配一醉卧举杯邀月儒者将视觉注意引向干身精华和重点枝，加强作品的观赏效果。重点枝和右一枝，枝线最后走势一左前一右前，起到与观赏者亲和的作用。

盆景是一视觉艺术，与绘画、歌舞、戏剧等有其固有的造型美感规律、美感共识。故尽量遵守为好。

以上分析，仅是个人看法，希望对于有志于盆景艺术的人有所启发帮助。

结顶左昂，左重点枝有内角之嫌

1、2、3、4、5节枝都呈下走势并少空间变化。枝线软弱无力

图2-13　发现的问题具体分析

把桩旋转到这一位置解决桩的主干取势问题。重点枝跌变拖枝造型。顶右昂，重点枝成为外张枝，化解原内角矛盾

图2-14　如何解决问题

图2-15　改变种植角度后的造型

中部后起再前走（欲下先上）出现力和空间变化

第一节横平没卸肩之忌
曲斜干拖枝造型

图2-16　改后造型具体分析

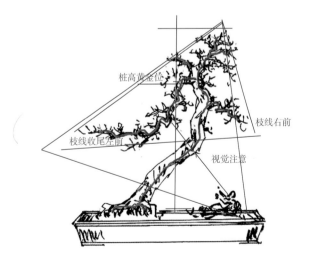

桩高黄金位

枝线右前

枝线收尾左前

视觉注意

图2-17　成型设计墨线效果图分析

图2-18 "凌云"老鸦柿桩

例四 不同的思路产生不同的意境引发不同的造型

桩材分析 图2-18是网友凌云的一老鸦柿桩，桩健康、根粗、相怪异，属以根代干式怪异桩。桩的个性具有人体的美感。但作为盆景造型不应以象形为最终目的。可取其意而为之。从图可见，桩主在主题的确定和造型方案上未有定论，故截桩不到位。主干保留过长，应保留为今后顶干的第一节为好，目的是控制作品成型高度，做到心中有数。

从图2-21至图2-25可见，作品成型后态势惊险、舞动，有很强的视觉冲击。同一桩材，指导思想不同，立意不同就有不同的造型、引发不同的艺术效果，一切随作者意图而定。

主干保留第一节

与主干同粗
保留基底

图2-19 截桩分析

图2-21 不改变原桩生态，截弃多余小根拟"仙人指路"为主题进行的造型设计。该设计以黄山仙人指路景点为依据开展造型构思，形同拱背仙儒穹身左指，气定神闲

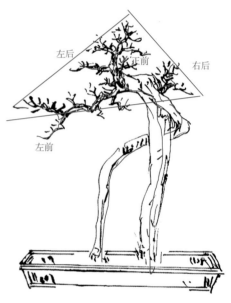

左后 正前 右后

左前

图2-22 造型骨架主线和布托定位方向示意分析

造型左争右让、定托四歧、树相丰满洒脱

图2-20 是成活后现时桩相

应马上重新截到位，以利截口重萌有用新芽

把桩右旋到
这一位置

左根调活
到这

图2-23 把桩右旋45度，让桩身出现半仰状态、取"舞者"之意为主题。桩相出现强动感

图2-24 充分利用桩材的个性，以稳定视觉重心为主体造型大势，在动中求稳求静。犹如舞剧中的亮相定格，态势喜人

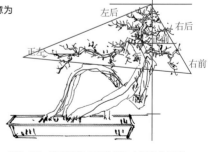

左后 右后
正前 正前
右前

图2-25 造型骨架主动势线和布托分布示意

例五　林耶、古榕耶?

古榕型是一雄伟的造型。既有一本多干大树型的特点又有其固有的特性，是一难度较高的造型。

古榕型桩多来源于分枝平矮的野生桩。选桩时要有意识地与一本多干的大树型桩加以分别。古榕型有注重根头部特色和干枝平矮横展的特点。一本多干型则注重峻峭、伟岸、主帅的风范。二者桩形相似、配枝基本相同，但各有特色。

古榕型树姿雄茂。造型时特别要注意各侧枝、横托间的相互关系，内腔要疏、要向外围扩展；重点枝、精华枝要显眼突出；结顶要团峦、雄厚；各分枝的横角要密集成簇；树形的整体效果要密而不乱。在枝法的运用上多用回旋枝、飘枝、探枝。小枝多用鹿角枝、鸡爪枝。

现就"醉卧逍遥"一雀梅桩，谈一下其因材造型的特点。

桩材分析　从图2-26到图2-29可见这是一同头同根多干集结在一起的桩。桩健康、壮龄、根四歧、平浅、拖根右弯。各干截口小、成型快。缺点是多干重叠。从桩的整体效果看，该桩相属古榕型。大气、矮劲，原托足，可利用率高，根板好、成型快，实是难得的上上桩。如何选定主观赏面成为造型的重点。

如果选图2-26作主观赏面，主干最前，多干重合在一起，大拖根也不适合古榕型的造型。选图2-27作主面，主干靠后，副干重叠在前，根头部可见一大段干肉，各干间分组清楚，短截拖根后树相紧凑、雄劲矮霸，符合古榕格造型要求。对比之下我认为选用图2-27作主观赏面为好。

造型设计分析　图2-33造型集丛林型与古榕型于一体。树相雄健、厚重、端庄、正气。桩分三组11干，设计时先从主干开

始进行定托布枝、取中正稳定大势。副干与主干重叠，在造型中结顶与主干错开看作是主干的一大右托。然后依次给各干布托。其中特别注意第二组右展精华干中右前枝的外拓取势。强化第三组干的紧缩与第一组干的外拓成右张左缩对比。各干结尖顶、独成树相，前后枝互补，各枝穿插力求自然灵动。整体成不等边三角形构图，在稳定中求动感、求变化。

综上所述，盆景因材造型中的选桩、截桩、定主观赏面、定最佳观赏位置、定重点取势要枝，在整体造型设计中占有举足轻重的作用。

图2-26　正面照

图2-27　背面照

图2-28　平面照

图2-29　右侧面照

图2-30　把桩向左旋转15度让主干中正后，定主干高后依次截各干高，截根

这是一集多干林与古榕格为一体的桩，桩壮龄、健康、矮、大、霸。把桩旋转到这一位置、最后截定主副干重叠拟双干结顶

盆景的最佳观赏面只能是一个（看《新编盆景造型技艺图解》P120），比较各面我最后选定这面作主，原因是桩下段可见一大干肉，且各干分布位置好、利用率最高

一组

二组

三组

图2-31　是截定后桩材分析、各干的分组及拟配盆后根的入泥及裸露示意图

图2-32　依截后桩相绘出成型设计

造型注意各干结尖顶、干与干之间的相互穿插关系。各干自成树干，整体又统一在古榕格中

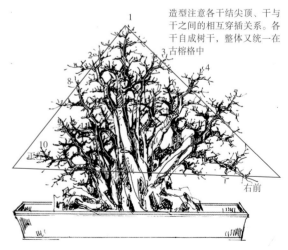

正

右前

图2-33　成型设计分析

截干蓄枝

截与蓄的关系

岭南盆景最重要的一艺术特点就是截干蓄枝。

截，也就是弃掉多余的、有碍于今后造型的。截桩分截干、截根、截枝。

截干：岭南盆景造型形式有20多种，每一种造型，树干都是造型中的重点。截干的目的，一是使桩相矮化；二是使干身出现节律和曲线美；三是使干身逐级收尖，自然流畅。

截根：把桩根回缩到适合今后预期使用的观赏盆中。特别是底根、正前根、左右外向展根，一般讲一次性截到位最好。

截枝：桩材中的原生侧枝托，能利用作今后造型的顶托、侧托的，都应适当短截为造型中的第一节为好。这样能尽量缩短作品的成型时间。

蓄，蓄养积聚的意思。截与蓄是矛盾的但又是对立统一的。二者的目的都是为了使作品的造型更好地表达作者的创作意图、个人情感。截与蓄的最终目的是使桩型中的骨架（主线条）出现长短的节律变化，前后左右的空间变化，收尖顺畅自然。

蓄干：一些桩，截后没有顶干，这就要重新培育，这一培育过程就叫蓄干。把原来干身顶上新萌的一芽通过培育使它达到与截口70%的粗度，即可进行第一次截剪，取得第一节，如此类推，得到后续的各节，直到干、枝收细如牙签大小。

蓄枝：与蓄干方法相同，只是干变成了枝。顶干同样可叫作顶枝、顶托。

蓄根：根与枝是相互相承的。自然界，树木的枝叶扩展与根的扩展基本相等。盆景中的树木经过截根，重新培育出的新根也基本上等同于盆面上的枝叶，要控制枝叶的生长就要短截管这一枝叶水路的根。要促进枝叶的生长，就要想办法促进根的发展。根的造型与枝的造型一样，通过截、蓄的反复进行来达到美的艺术效果。

岭南盆景的造型过程，也就是干、枝、根的不断截蓄过程。

作品成型时间的度

枝法布局是岭南盆景造型中的重点。后续的干、枝，由于是从新芽培育而成，且顶枝或侧枝的第一节粗都要达到原截口的70%左右，故依桩材截口的大小、树种的生长速度、管理水平不同而不同。常见的生长速度中等的树种，如罗汉松、九里香、山橘，一般情况下一年可得1厘米的枝粗，如果要培育5厘米枝粗，基本要5年；第二节枝粗4厘米，需时4年；第三节枝粗3厘米，需时3年；第四节枝粗2厘米，需时2年；第五节枝粗1厘米，需时1年，共时15年，由1厘米再后续到牙签大小的横角枝，也需时3~5年，故岭南盆景成型时间一般在15~20年。这还是在正常不走弯路的情况下，如果中途出现反复，要重新开始，这时间就要不可预期地延长。一些人也许会讲，如此，培育小品时间要少得多啊。要知道岭南盆景的观赏价值，在于枝、干的曲线美，想要获得多的曲度，必须要短剪，蓄聚多次短剪的枝线，这也需要长时间。

枝线的曲折、起伏、变化、收尖顺畅，需要的是时间，也即是常说的年功。作品成熟度越高，年功越为显现，时间相对也就越多。

整体造型是靠作者的主观意识去展现作品的主题思想，再由作品的根、干、枝、配盆、几架组合集体统一来完成。所以截、蓄的好坏也就是作品成功与失败的关键。

例一　造型中选定主观赏面、观赏角度、观赏位置的重要性

盆景是给人们观赏的，故作者在造型过程中选定主观赏面、观赏角度、观赏位置就十分重要。截干蓄枝是后天造型过程，而选定主观赏面、观赏角度、观赏位置则是在截桩之前就要心里有数。这，也就是我常说的定点修剪。关系到今后作品是否上镜，会不会出现视觉差的问题。

现就网友"梅林松风"自挖的一清香木桩，谈下个人的体会。

清香木，为漆树科黄连木属植物，灌木或小乔木。分布于缅甸以及中国大陆的云南、贵州、广西、四川、西藏等地，生长于海拔580~2700米的地区，常生长在石灰山林下以及灌丛中。清香木喜阳光充足，但亦稍耐阴，喜温暖，要求土层深厚，萌发力强，生长缓慢，寿命长。

桩材分析　从图2-34和图2-35可见，桩是经多次、多年砍伐后的老桩，原枝、后续枝经多次替换，进行了自然的更替截蓄、各干顺接，大大缩短成型的培育时间。桩相古朴、苍劲、嶙峋，有山石般的厚重，实是不可多得的石上林型格的上上桩材。但这面作主观赏面，各干密集成堆、主次不分，很难确定桩的主干。再看另两面照。

对比图2-35和图2-36。明显可见，作主观赏面背面的图2-36要比图2-35好。桩相更加凸凹嶙峋，各干有了高低深浅前后变化，但还是密结不分。

图2-37这一角度，使桩中各干分清了大小、高低，从而有了主次之分，各干加强了前后纵深效果，整体桩势由左到右，具龟行之势。更重要的是密结的主体，自然分为二组，产生了灵动透气的效果。故这一面，这一角度，应是桩的最佳观赏面和最佳观赏角度。

今后的造型修剪都就回复到这一特定的位置上来。截桩先从主体开始，定主、客、陪。截根，把顶心根短截，过长的不利今后上浅盆的短截，把有碍客体干身突出的截弃。

造型设计分析　取莽莽山川中的密林之势，树相雄奇伟岸，志趣高远。各干尽量展现各种盆景造型形式，注意相互间的疏密对比、枝线的节奏韵律、各干的空间分布。最后统一在石上林这一整体形式中。

这桩的最大截口在3厘米左右，如果培育、管理到位，5~6年作品将达到设计的效果。这样的大桩这样的成型时间实为少见。

综上分析可见：选定主观赏面、观赏角度、观赏位置在盆景造型、摄影上是十分重要的。希望大家认真研究理解、消化。

图2-34 采挖现场

图2-35 挖出来的原桩正面照

图2-36 原桩背面照

图2-37 背面视觉偏左照

图2-38 定焦的具体分析

图2-39 用PS画出心目中的构思图，预计配盆和桩根入泥及裸露情况

图2-40 墨线设计成型效果

例二　确定主观赏面，在改作中的重要性

如何选定观赏面，这在作品的造型设计中非常重要。一个好的观赏面能很好地表现出桩材的个性、精华、特点，反之则不然。常见到一些作者在选定观赏面时首先就从桩身干径最大的一面去考虑，认为大就难得、大就好，"十大九无输"。而不是从桩的精华、干势、原托的分布、根与干的展张配合来考虑，这往往会走了弯路、回头路。

在选定观赏面时有几点是要注意的：

1. 要尽量突出桩身的精华、个性、特点。

2. 要尽最大可能地利用原有的伴嫁托。

3. 根的展张要与干的势韵相统一，要符合配盆的要求。

4. 干、根要尽量不前凸、要成新月形才能符合人们的视觉欣赏习惯。

5. 如果是古榕桩、丛林桩，主干最好居中，前面的干要矮才能层次清楚。

6. 不雅的、大的伤口，尽量不要出现在主观赏面，要起到藏的作用。

7. 根不要前冲"顶心"，如果非用不可一定要短截，要考虑短截后的成活。

8. 如果是矮大树型桩、古榕型桩，要尽可能截出一段作主干的肉身来。

现就网友罗香的一半成品桩加以具体分析。

桩材分析　从图2-41至图2-43可见，这是一矮大树型桩，桩主截桩、定托准确，管理、培育、蓄枝技艺过硬，就九里香这一树种而言，这是一难得的好桩材。但从选定的主观赏面来看，我却有不同的看法。图2-41作主观赏面，主干最前，后面的各矮托被遮闭，主干、副干连

成一体，但干径最大。图2-42作主观赏面时则上图的各种缺点不存在。主干居中偏后，各矮托在主干前面，分布合理层次清楚；根、干的稔、棱凸显；各新陪托的前后关系清晰可辨；主干根虽前凸但已短截并不阻碍观赏效果；整体干势、树气、神韵统一。依此，我会选图2-42作主观赏面。

造型设计分析　这一设计突出了原桩的古朴、苍劲、浑厚、雄茂个性，充分利用了原作者后天培育的枝、干，成型时间短。桩身原有的坑、棱、稔、凸，裸露无遗。树相雄劲、秀茂，尽显矮大树造型本色。

取等边三角形构图，中正稳定为主势韵。树相雄厚秀茂。A左前，B稍右前，C正左，D正右，E左后，F右后，G正前，H正后。配枝四歧，空间分布合理，很好地表现了桩的特色个性。

图2-41　桩主罗香选定的九里香主观赏面

图2-42　背面

图2-43 左侧面

图2-44 这面作主观赏面的优点，截桩分析

图2-45 原桩主选定的主观赏面的截桩分析

截定的最大依据是尽最大可能地利用原有托，势韵力求浑雄厚重

图2-46 截后的造型设计图

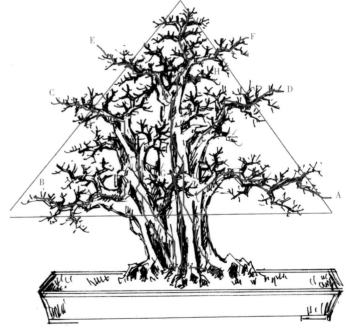

图2-47 造型的主骨架示意分析

例三 从一大型红牛桩看截桩造型设计思路

桩材分析 图2-48是黄石先生的红牛桩。该桩一头6干，头径35厘米，高110厘米，最大截口6厘米。

从正面桩相看，桩健康、无大伤口，各干径相差不大，中间三干黏连一起。桩的精华在于下部：靴霸好，有坑稳、根四歧、平浅，左展干外展，动感好。如果作丛林式造型，5干密集，主次难分，各干布枝、枝走位置难处理。如果短截各干、舍弃最中间夹干作双干结顶的古榕式造型，则可尽显桩的精华，树相雄劲矮霸。

截桩分析 思路确定后进行截桩。定左第一托为重点托，起托位置在全桩成型桩高的黄金分割位上。以这托为依据，分高低主次截切各干高（图2-51、图2-52）。

造型设计分析 从2-53可见，截后桩相端庄劲健，故整体造型气势应以稳重、正气、悍霸为主调。先从主干开始布托、到副干、到左重点托尽量左展外拓取势，依左展托调右展托，最后增加前托、后托、完成整体造型。期间注意各枝托的穿插分布、空间占位、整体展幅，注意枝线的力度美、节奏美、韵律美、空间变化美。

这桩最大截口6厘米，预计成型时间15年左右。健康、正气、朝气，是该桩的最大特点。

图2-48 原桩正面照

图2-49 右侧面照

图2-50 左侧面照

图2-51 弃掉中间夹干，分清主次

图2-52 截弃各干

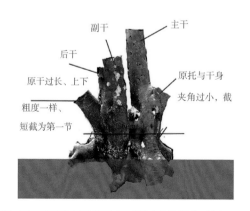

副干　主干
后干
原干过长、上下　原托与干身夹角过小，截
粗度一样、短截为第一节

图2-53 最后依干身芽眼截定、拟作古榕格造型，桩直径35厘米、高50厘米。拟定今后配盆及桩根入盆深度、根露盆面位置

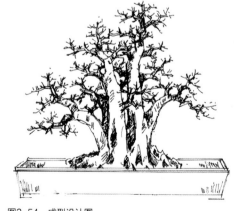

图2-54 成型设计图

例四 九里香《迎宾接福》的截桩设计构思

因材造型首先要充分发现、利用原桩固有的精华美并归属到某一造型形式中；然后确定作品的创作主题；根据主题、立意的要求去进行构图。运用枝法、技艺、意匠去为主题服务。绘出成型设计图，逐年逐月分阶段按部就班地达到自己心目中的追求。在逐步完善构图、造型的过程中使主题、立意明显清晰，最后使意境充分展现。

所谓精华也就是桩身上最美、最激动人心、最吸引人的部位。包括干身上的曲度、根板的走向、伴嫁托的大小、位置、结顶枝的方位、干身的重心和韵味等。这都得靠作者自身的艺术修养去发现，是艺术创作者长期经验积累的结果，是一些美学中必须遵守的规律性的东西。

现就好友曾广荣先生的九里香桩进行这一过程的具体分析。

桩材分析 桩高180厘米，干径12厘米。从图2-55可见桩身健康，筋骨丰满，有坑有稔有凸，根板四歧，伴嫁托充足。按照岭南盆景的选桩标准应属上等桩材。从桩的型格看应归入单干企树型格。依据岭南盆景主干要过渡自然、逐级收尖，横托要与主干相配的法则，三高干只能起用一干为造型的主干。

截桩分析 从图2-56分析可见，这样截桩能最大限度地利用原桩的精华，使主干出现曲度美、节奏美，并降低了桩高，使树桩成型后符合岭南盆景的评审标准。

截桩后桩身精华集中，形格明显，有原托伴嫁。干身中部的扭曲部位，是全桩的最大看点，十分喜人。缺点是截口较大，考虑到树种的愈伤能力，还是可以接受的。

桩身成下直上曲相，犹如人体躬身迎客态。据此以"迎宾接福"为创作主题进行构思。

造型要点 将桩身右倾30度，使桩身重心回归到根头部，高位配长揖迎客要枝，顶枝稍右昂加强动势，整体效果如主人恭候迎客相。

利用原桩中上部的原托底基培育左前枝为重点枝，其余各枝托就重点枝进行互补，取不等边三角形构图，树相温顺恭敬，很好地表达了"迎宾接福"的主题。

如果培育得法，15年可基本达到设计的效果。

从以上分析可见，岭南盆景的截桩、设计造型、作品成型的度，是有一定规律可寻的，请读者们慢慢体会。

图2-55 原桩正面照

三干等粗，都可起用为主干

抢夺主干

精华，截桩

图2-56 桩的精华，截桩的具体分析

图2-57 截弃原主干

图2-58 截弃原副干

图2-59 截后桩相

图2-60 成型设计

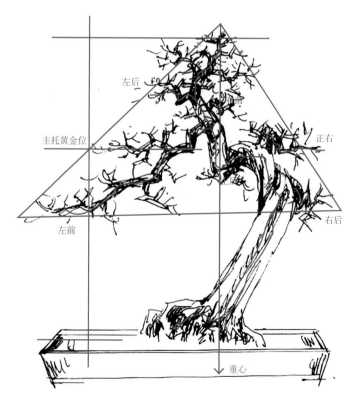

图2-61 造型的具体分析

半成品桩的改作

半成品桩，也即是经多年培育，作品处于半成熟状态的桩。由于一些主观或客观的原因，作品不能达到作者自己心目中的要求，存在问题，发现了问题，从而想要进一步提高，这就要进行改作。改作有两种可能：①全盘否定原来方案，重新开始。②就原方案进行更新调整。这就是我们常说的走了弯路，要重新反正。既浪费了时间，又浪费了人力、物力。人的时间最宝贵，一件好的岭南盆景作品，正常情况下成型时间在20年，人的一生有多少个20年。在这，我认真说一句：盆景的造型设计是相当相当重要的。它能给出一个明确的指导方案，使人按部就班地完成整个创作过程。

例一 一巨型山石榴桩的改作

桩材分析 这是卓建成先生2011年3月购进的山石榴巨型桩。桩头径60厘米，高100厘米。原桩主地培8年，各顶干新培枝已顺接。

从桩相可见原桩主在盆景技艺上有一定的功力，截桩到位，定托准确，培枝到粗。但在造型上目标未定，成型方案不明确，是丛林格？古榕格？都看不出，故还处于一商品桩阶段。

从图2-66可见，桩材集矮、霸、劲、

图2-63 原桩正面照

图2-64 原桩左侧面照

健四大特色于一身，各枝托定位准确，培育粗度足。底根平浅。A、C干集结成一大干段，B、D干各自独立。整体树相应是偏重于古榕格多些。缺点是全桩四干成掌状分布，主次不明显，各干间空间闭塞，缺少空灵变化。

截桩改作分析　保留干身精华，解决掌状分布矛盾。分清主、客、陪，突出各干空间大小的不同，调整各枝托今后枝走空间，预计成型桩高，枝展横幅，尽可能保留原托一、二、三节。截弃B干后，将会出现一大伤口，这一伤口如果是在第一次截桩时截弃，则现已愈合，但现在重截，有不能愈合的可能。

一些杂乱的根也要同时理顺、截弃，凸显桩身根头段精华。

对比原桩相，截后主干突出，左干外展动感好，副干紧依主干同气同韵。树相雄霸，气势张扬。

改截后的桩出现了激动人心的艺术效果。保留原来的大多枝托，各枝已蓄培了4节，今后只要管理得法，成型在望。

造型设计分析　根据桩材的个性，以雄厚、矮霸、劲健为发展目标、最大限度地利用原有的枝托加速作品的成型时间。树相浑雄秀茂，右争左让，稳重中有动感、有豪气。预计7年后作品可基本成型。

多边形构图，主体、客体、陪体一目了然。A、B枝左右外展扩大空间，增阔视野。整体造型中正稳固，端庄肃穆，雄霸天下。

从以上分析可见：购买半成品桩最重要的一点就是能拿钱买到时间。对于一些起步迟的，但已有一定经济实力的人，选购半成品桩是一出作品的好办法，但一定要选截桩到位、定托准确、不用重新培育粗枝托的有前途的桩为好。

图2-65　原桩背面照

图2-66　桩材分析

图2-67 背面截桩分析

图2-68 截后桩相

图2-69 拟定的最佳角度、最佳欣赏位置

图2-70 成型设计

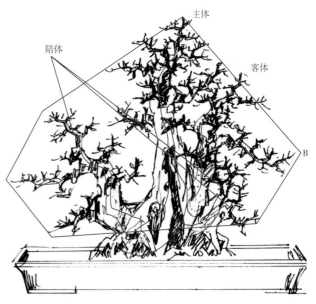

图2-71 成型设计分析

图2-72 山橘林正面照

图2-73 背面照

图2-74 右侧照

图2-75 左侧面照

例二 一大型山橘林的改作

每一树种，每一桩材都有其自身的个性。盆景造型就是要充分发挥桩的个性和树种的优势。常见一些朋友面对一桩材往往力不从心、无从下手。究其原因，除了自身修养、技艺的不足外，最重要的一点，就是没有从桩的个性优点去考虑。而是以桩的大小、今后的经济价值考虑者居多。现就卓建成新进的一大型山橘林半成品桩，谈下个人的看法及改作过程。

桩材分析 从图2-72到图2-75可见，这桩原桩主截桩基本到位、定托也较准确。地培8年，新培枝已取得三节。主干干径10厘米、高120厘米，是一较为难得的好桩。

桩的个性优点 从图2-72可见，桩属5干丛林格。新增的3干为后天培育。主干靠边，高大威猛、势态左弯，环抱各干。副干居中，势态微左弯与主干相照应。桩相老龄，主干中空，但皮层水线凸显，生命力强旺，相老劲。桩的缺点：主干原桩主没截到位，致使上部向前向外翻出并横过全桩与各副干上展将成十字交叉相。

截桩分析 考虑到全桩各干同步成型的时间，依桩现有托，决定缩短顶托的横展量。目的是解决主干上部横跨封死了所有副干上伸空间的矛盾，并使主干尽可能后靠各干，势态统一。这也是就现桩相所能回缩的位置。但，如果我是原桩主，第一次截，这一横封干还要短截到A处为好。

截后各干为主干环抱，被统领维护，有一家四代同堂之意。设计思路拟以"我的家"为主题，进行造型设计。中国是一文明古国，几千年的历史证明"有家才有国""有国才有家"。作为炎黄的子孙"家""国"是每一个人都必须为之维护和付出的。

造型设计分析 取斜向等边三角形构图，在稳定中求大势、求动感。主、客、陪三者分工清楚，各司其职。主干统领全局，维系奋斗终生。副干从顺于主干，与主干步调一致。其他各干势韵统一在主、副干大势内。A枝努力左展、锐进，奋发图强。B枝押后稳定全局。整体大效果团结奋进、坚不可摧。

从以上的改作分析可见：以桩的个性、优点和要表达的主题思想为依据来进行造型设计，就能创作出较好的设计效果来。

图2-76 原桩缺点分析

图2-77 原桩缺点分析，背面

图2-78　改作截后相

图2-79　将根分组调适

图2-80　成型设计

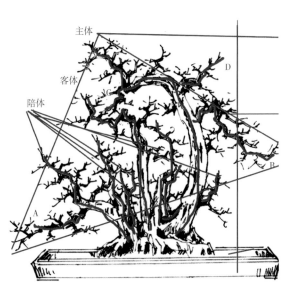

图2-81　成型设计分析

图2-82　曾宪烨创作的国画《我的家》

例三 一高干山橘林的改作

方案1桩材分析 这是卓建成先生购进的另一高干山橘林桩。原桩11干，地培4年，有的干已取得新培的一节枝。主干高200厘米，整林，同头同根。按照岭南盆景的评比标准，最高不能超过150厘米，故必须短截主干。

截桩分析 截后桩为9干，主干高120厘米，林长60厘米，主干干径9厘米。飘长120厘米。该桩分组清楚，精华在于团结紧密的根头部。主干居边，右高左低，动感强。缺点是各干中段硬直，收尖过渡小。

该造型高耸，树相潇洒、飘逸，自然、野趣。缺点是桩高150厘米，横飘150厘米左右，有超出岭南盆景评比标准的可能。

方案 2 造型分析 整体效果与图 2-86 高干造型基本相同。成型桩高 80 厘米，横飘在 100 厘米左右，符合岭南盆景的评比标准，适合室内摆设。树相紧凑，可塑性高，艺术感强。

依树性、经验，山橘二手桩，不应大干重截，否则有失干的危险，故以图2-86高干造型作依据较好。

如果是下山桩，一次性截到位，也可依图2-88方案2矮干设计为依据。各有得失，这要由现时的桩主来决定。

图2-83 原桩正面照

图2-84 截弃交叉干、缩短主干，依主干高缩短各副干

图2-85 截后桩相

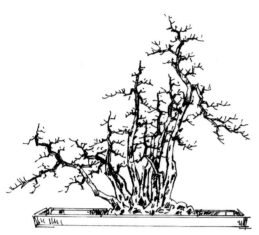

图2-86　方案1高耸造型设计

该造型高耸、潇洒、飘逸
重点枝 A、B 都在重点干的黄金位上

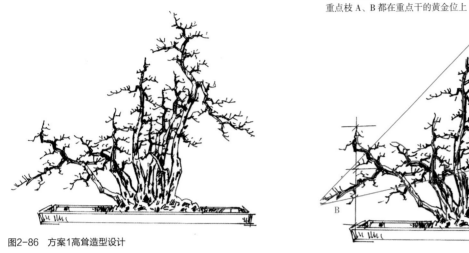

图2-87　方案1高耸造型分析

图2-89　方案2矮干设计

图2-88　如果是下山桩，浓缩精华，也可短截各干

该造型精华突出，树相紧凑
重点枝 A、B 都在重点干的黄金分割位上

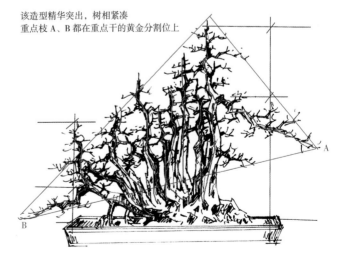

图2-90　方案2矮干造型分析

例四 一大型雀梅林的改作——常规与破格

常规是指前人总结的美学规律、美学共识，是盆景造型过程中一些最基本的规律。是一"中间值"。正如数码相机中的自动拍照模式一样，照出来的图片不是最好，但中规中举。这，对于一些已全面掌握了盆景造型知识的人来讲，这些规律也成了束缚思维的绊脚石。所谓的"法无定法，无法之法为至法"，讲的就是绘画中的破法这一创新之道。

桩材分析 图2-91是卓建成先生购进的一半成品大型雀梅林桩。地培8年各干新培枝已有5~6节，呈半成品相。

从桩相看，干多、杂乱，主次不分。优点是桩大、连体，头根部苍莽、怪劲。如果以常规的观念来造型，必须截弃左一的大横干，分清主次。但考虑到这桩树种是雀梅，现时截弃大干，树桩有崩边、坏烂的危险。为此，思考良久，决定借用粤剧《六国大封相》之意，以热闹、喜庆、吉祥为题来进行改作造型。

《六国大封相》内容描述苏秦游说六国，以合纵策略，联盟抗秦，最后六国诸侯共同拜苏秦为六国丞相，并送其衣锦还乡的故事。全剧出场人物众多，由全班各行角色分别饰演，阵容鼎盛，场面热闹，色彩缤纷。是年节喜庆节目的首选。主题决定后，依此进行改作。

截桩改作分析 桩分左右两大组，截弃一些交叉干和有碍主题表现的托，理顺托与托之间今后的空间走位，分清主脉、次脉。适度截根、调根以利今后上浅盆。现盆，长120厘米、宽60厘米、高25厘米。给人的感觉是现盆身过高，最后的观赏盆应减半为好。

造型设计分析 这是以《六国大封相》为主题绘的成型设计图。树相、枝法偏重于自然野趣，以雄浑、热烈为重点。整体势韵左倾，如前进卷动着的海浪，力厚、势强，但又符合盆景的造型规律。这是一破格的设计，不一定为众人接受。不囿于绳法，"无法之法为至法"才是这桩追求的最终目的。

图2-91 雀梅原桩相

图2-92 适当截枝后上盆的最佳角度相

图2-93 成型设计

例五　一悬崖山橘桩的改作
——主观赏面的确定

盆景，虽然讲要做到四面可赏，但具体到每一件作品，则必定有一面是最佳观赏面，有一特定角度是最佳观赏角度，这一般只有作者自己最清楚。也只有这一位置能拍摄出作品最佳效果来。这就是常说的定点修剪位置。

最佳观赏面也就是相对其他各面而最能显现桩的个性、优点、精华的一面。这一般在截桩时就应作出决定。而对于一些二手桩，就要进行具体的分析、对比，再结合个人的喜好而作出最终的决定。下面是卓建成先生购进的一半成品山橘桩，原桩主在地横栽，未确定造型方案。现拟定改大悬崖造型。但在观赏角度和观赏位置上未能定准，征求我的意见。现就个人见解做具体分析。

桩材分析　这是桩全悬时的4个不同观赏面、观赏角度。桩直径8厘米，飘长160厘米。原桩主截桩定托较准确，横栽、地培5年，大多枝托已取得第一节。

桩，头、根部弯曲入盆好，干身翻滚扭动好、曲度变化大、健康、下垂长度足，有充足的原托可利用，桩呈全悬崖状，也可作捞月状，实是难得的上上桩材。面对这上好桩材，如何选定主观赏面，如何进行造型设计将成为今后作品成败的关键。为此，进行了多图、多角度拍摄，最后选定这最能表现桩材特色的四图进行对比分析。

造型设计分析　从各图的干身主运动线分析可见，图2-94正面相的优点最多，最能反映桩的特色和个性，应是最佳观赏面。

这一设计集中了桩材全悬和捞月的个性，在充分利用现有的枝托，特别是收尾

部位可说是全用。这点，对加速作品的成型起着关键的作用（全悬崖捞月型的尾梢由于顶端优势的作用要培育好难度是相当高的）。

"可上九天揽月，可下五洋捉鳖，谈笑凯歌还，世上无难事，只要肯登攀"。"九天揽月"的命题由此而出。

图2-102成型设计图的设计集中展现了全桩的精华，原托利用率高，桩的悬、捞势韵好，主运动线的节奏韵律变化好。设计中注意了各枝托的呼应争让，整体效果与命题环环相扣。

由此可见，一个桩的主观赏面的选定，要多角度对比，尽最大可能去展现桩的精华才有可能达到最佳效果。

图2-94　正面

图2-95　右侧面相

图2-96　左侧面45度相

图2-97　正左侧面相

根部入盆裸露。悬垂段俯冲急泻。力感强

起用这面作主面能全部显现全桩干身的各个曲度美，特别是收尾部分的曲线变化，原有托的利用率最高，收尾部成型快。
全悬崖式捞月造型非常难得，能给人耳目一新之感

尽显干身中下段的曲度变化、前后左右空间变换强劲

图2-98　是图2-94正面相的分析

这面作主面，中段干身曲度最佳，头、根段有缺陷，干由尾段有两等长直线，收尾部几个曲度都不能表现出来

干身头段为盆分割

两段成直线长、原有曲度未显现

图2-99　是图2-95右侧面分析

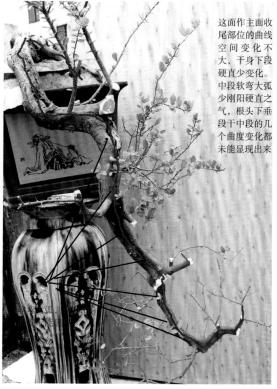

这面作主面收尾部位的曲线空间变化不大，干身下段硬直少变化。中段软弯大弧少刚阳硬直之气，根头下垂段干中段的几个曲度变化都未能显现出来

图2-100　是图2-96左侧面45度相分析图

这面作主面能尽显干
身中下段的曲度变化
头段、下横段不美。
干身收尾段后走

能尽显杆身
的曲度变化
但远故
观众

图2-101　是图2-97正左侧面相分析

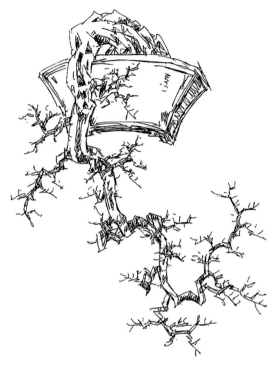

图2-102　成型设计图

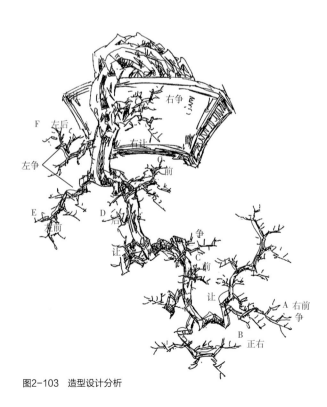

图2-103　造型设计分析

图2-104　曾宪烨绘制的国画作品

因材造型中的构思立意

岭南盆景的创作，主张表达作者的情感。这就有了因材立意和因意选材。

立意与构思的规律："立意是指确立创作意图。"它直接关系到盆景作品艺术性和思想性的高低。因材立意是盆景创作的主要立意方式。

所谓构思，就是作者在孕育作品的过程中所进行的艺术思维活动。它包括选择、提炼材料、立意、景象的布局、探索最适当的表现形式等过程中的全部思维活动。

立意与构思的关系是局部与整体的关系。立意是解决盆景表现什么的问题。而如何表现，表现最后达到什么样效果等问题，则要依靠构思来解决。

例一 《风尘三侠》的构思立意

现就"追梦"的一朴桩《风尘三侠》进行构思、立意分析。

桩材分析 从现有桩材看，作者截桩、定托准确，桩材精华突出，选材怪异有趣，培育得法，有一定的盆景造艺。但具体分析，从严要求也发现一些不符合美学规律的地方。

其中最重要的一点就是没有确定作品的形格和创作主题，也就无法为作品的造枝、配枝找到合理的依据。

依图2-105这最佳观赏面看，桩材应归属于三干连根林形格，主体、客体、陪体，三者一目了然，且从桩材的怪异看，犹如互相关照的三骑同行。隋末唐初虬髯客、李靖、红拂女合称的"风尘三侠"主题悠然而生。"风尘三侠"是一广泛流传的民间故事，众多文学作品、影视作品都有表现。而作为盆景作品，其中重点要表达的是三者之间并马而行浪迹天涯的生死情谊。

造型设计分析 用A这一重点枝加强作品的整体动感，有虬髯客挥鞭策马统领全局的雄姿。C枝有红拂女挥鞭前探，引领前行的倩影。用等边三角形的构图稳定三者之间顾盼有情、相互相依的生死情谊。用B右后枝、D左后枝，前枝、后枝加深作品枝的空间感、纵深层次感。用长方形浅盆开阔空间视野（图2-109）。

用国画的形式尽可能地把作品的意境表达出来。

可见，因材立意、确定作品的创作主题在盆景创作中是最为重要的一环，这也是中国盆景区别于其他各国盆景的有利因素之一。

图2-105 原桩正面相

图2-106　原桩背面相

图2-107　存在问题分析

图2-108　依构思绘出成型设计

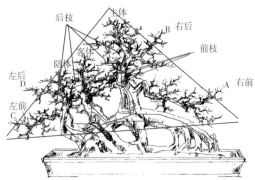

图2-109　成型设计分析

图2-110　曾宪烨创作的国画

例二 《英风》的构思立意

盆景起源于中国，是中国几千年文化艺术的结晶。中国盆景，着重于意境的表现。一件好的作品，能引起观赏者无穷的联想，从中得到感悟，思想境界得到进一步升华。

现就邓旋先生的大型山橘桩，谈下我个人的构思、立意。

桩材分析 图2-111是邓旋先生地培3年的山橘桩。桩高120厘米，头径25厘米，左干8厘米，中高干10厘米，与右干重叠后合共15厘米。主干柔软、曲度好、收尖好。左干斜立、左冲势好。右干与主干重叠，感观上增粗主干，三干合为一整体大树相。根平浅，四面板根，右双拖根裸露稳定全桩。桩身健康有坑有稳，古朴苍劲。桩值壮龄，英风扑面，是一十分难得的上好桩材。现桩相给人的感觉：截桩到位、定托准确。但造型意向不明确，创作主题不清。桩的缺点是少原托伴嫁，截口较大，成型时间长。

造型设计分析 根据以上对桩材的分析，考虑桩材的个性、特点，拟以"英风"为主题进行创作构思。

前些时日读宋·辛弃疾《南乡子·登京口北固亭有怀》：何处望神州？满眼风光北固楼。千古兴亡多少事？悠悠。不尽长江滚滚流。年少万兜鍪，坐断东南战未休。天下英雄谁敌手？曹刘。生子当如孙仲谋。《孙权传》中陈寿赞孙权"有勾践之奇，英人之杰矣。"虽功业建树不如操，然任才尚计，用人不疑，表现了卓越的政治天赋。"有出众的治国方略，善于守业"。孙权的英才、英风、英贤由此可见一斑。据此构思立意进行造型设计。

取等边三角形构图，A、B两重点枝构成等边三角形的底边，右拖根稳定树势，整体大效果端庄、正气、稳重，英姿勃发。重点枝A落点桩高黄金位上，左争势与右拖根势形成强烈的抗争对比状，既险又稳。配用长方形浅盆开阔空间视野，桩植盆黄金位，重心落在盆内，稳中求稳。枝走方位：A正左，B右前，C左后，D右后，F正前，G正后。整体配枝四歧，空间感强。三干合一犹如"三国归吴"很好地表达了当初的构思、主题。

最后用国画的形式尽可能地将作品的主题、意境表达出来。

盆景是一门综合艺术，"功夫在盆外"。诗、书、画、印四位一体是我最终的追求。

图2-111 原桩正面相

图2-112 桩的右拖根照

图2-113 桩左侧面相

图2-114　成型设计

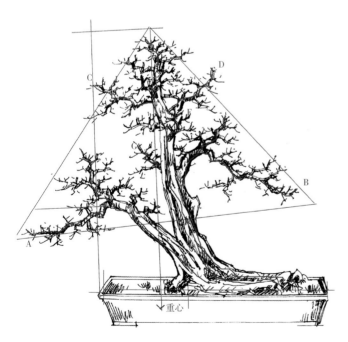

图2-115　设计分析

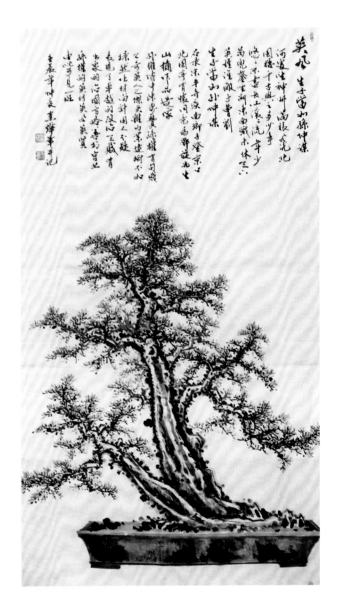

图2-116　曾宪烨的国画《英风》

例三　《傲世》的构思立意

桩材分析　这是邓旋先生地培5年的山橘桩。桩相怪异，由几条大根组成树干主体。最粗的大根达8厘米，几条中根也有3厘米。是一以根代干式的上等桩材。根颈部最大干径13厘米，顶干5厘米。

分析桩的三面相，如果用左侧面相作主观赏面，干身上部前冲，中、下部凹入，视觉感观不好。如果用右侧面相作主观赏面，主干前部后退，中部如屁股前冲，感观不雅。图2-117正面相作主观赏面，则现有托，位置、方位都合理，但脚收尖紧缩。仔细观看，左边的两条根横跨在主根上面，可通过调矫解放出来增阔桩的根脚部，解决尖脚矛盾。整体桩相：中下部没有托，属高标、文雅桩形造型，有一种高士、隐者不为"五斗米折腰"的风范。故拟以"傲世"为主题进行设计。

造型设计分析　清曹雪芹的《问菊》：欲讯秋情众莫知，喃喃负手叩东篱。孤标傲世偕谁隐，一样花开为底迟？ 圃露庭霜何寂寞，鸿归蛩病可相思？休言举世无谈者，解语何妨片语时。菊，清高雅洁，"此花开后便无花"，人们称菊花为花中隐者。晋陶渊明爱菊，是历史上最负盛名的隐者，孤标傲世，品格清高，遗世而独立。据此意进行构思立意造型。

图2-120中的造型突出了原桩根干的精华，充分利用了新培的枝托，树相清逸。

取不等边三角形构图，干身微穹，顶枝右昂，左拖枝左张与顶枝势韵相反，整体效果如一挺胸负手而立的清高隐者，有"举世皆浊我独清"之意。重点枝A落点桩高黄金位上，枝形变化大，方位左前。B枝与A枝属互补枝相，方位右前。C左后，D右后，F正前，G正后。布枝四歧，空间分布合理。

用国画的形式尽可能地将作品的主题、意境表达出来。

盆景是一门综合艺术，"功夫在盆外"。多读书，读好书。这对盆景创作的提高十分重要。

图2-117　原桩正面照

图2-118　原桩左侧面照

图2-119　原桩右侧面照

图2-120　造型设计

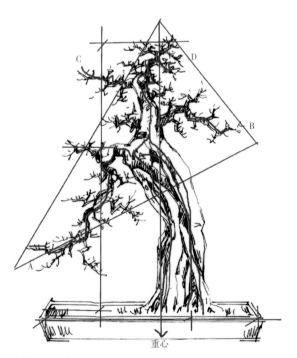

图2-121　设计分析

图2-122曾宪烨作品《傲世》

例四 《伉丽情深》的构思立意

这是阳江赖永鸿先生的特大山橘桩之一。

桩材分析 优点：这是一特大桩，桩身健康，主副干分干明显，干身收尖顺畅，有足够的原托可利用，头根部古朴苍劲。高150厘米，头径25厘米，属标准的双干形格。缺点：左、右第一原托起托过低不利于高耸造型，中间夹干与副干主次不分，这三托应截弃。干右少板根，但可挪用右后根补救。

按岭南盆景的严格要求，按桩材的个性，在充分考虑利用原托而又减少伤口的基础上，对桩进行截桩、立意和造型。

构思立意 这是双干大树形格，一主一副。取"执子之手，相谐百年"之意。

造型设计分析 树相轩昂、秀茂、主副干顾盼有情，枝与枝左右开展，相携相依，起舞翩跹。成型高度控制在180厘米以下。估计培育时间需15～20年。

采用等边三角形构图，树相端庄稳重。

四歧布枝，在充分利用原托的基础上做到疏密相宜。

枝走位置，空间分布 A主干重点枝，利用原托由右侧转右前。B副干重点枝，利用现有新枝走左前位与A枝构成等边三角形底边并给人向前拥抱的亲切感。C右侧枝外展打破构图边线。D左侧枝，E右后枝，F左后枝，G正左转左后让出空间给副干前枝O，M、L主副干后枝，P、O主干前枝。整体布枝合理，神韵相依。

最后运用国画的形式用"伉俪情深"的点题尽可能地把作品的意境表达出来。

图2-123 原桩正面照

原托第一节短截较好，原因有利于后续枝节的空间变化

中间夹干与副干主次不分，不利于双干造型的表现

高耸桩，起托过低应截弃，原因是不利高耸造型

图2-124 截桩分析

图2-125　截后桩相

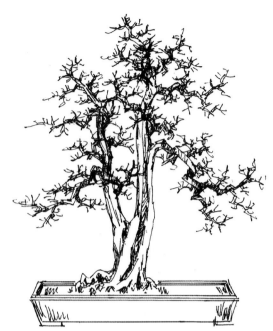

图2-126　造型设计

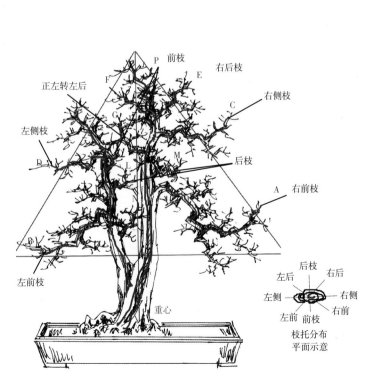

图2-127　造型设计分析

图2-128　曾宪烨国画作品《伉俪情深》

例五《携雏弄语》的构思立意

桩材分析 这是阳江赖永鸿先生的大型山橘桩之二。桩高130厘米，干径20厘米。优点：这是一公孙形双干桩，干身扭动翻卷，曲度好、空间变化好。缺点：主干干身上下粗细基本一样，少收尖过渡，少原托，截口大。

造型设计分析 取双干公孙形格。不等边三角形构图，重心落在盆内。主干结顶回顾副干，重点枝右展取势，树相秀中带奇。

主干穹曲，重点枝右伸，如老人携孙引带前行。副干紧依主干，重点枝右伸，两者相携相依。布枝四歧，结顶回顾，动静结合，势态温馨感人。

枝走位置 主干：A右前，B右后，C右后，D左侧，E正前，F正后。副干：G右前，L正左，M右后，N左后。整体枝势统一，疏密合理。遂以"携雏弄语"为题，绘成国画以达意境。

图2-129 原桩相

图2-130 桩材分析

起用为重点枝

图2-131 造型设计

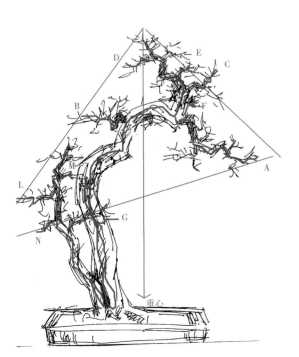

图2-132 设计分析

图2-133 曾宪烨作品《携雏弄语》

岭南盆景的精髓——枝法

　　研究岭南盆景，首先要弄懂岭南盆景的枝法。岭南盆景是欣赏作品的骨架，即"脱衣换锦"后作品的裸姿美，也是中国书画中的"以线造型"美。

　　中华民族的"线意识"是根深蒂固的。由线组成的中华文字是独一无二的，书法是线的王国。中国的绘画、歌舞、建筑……无一不是线条美的展现。线的表现力是无穷无尽的。岭南盆景的枝线是由一个芽开始，通过不断的积聚，截蓄把线条的起伏、顿挫、节奏、韵律、前后左右的空间变化淋漓尽致地表达出来，同流同源，故深受中国人的喜爱。

枝线的节奏韵律

　　形式美的基本法则中对节奏、韵律的定义：参见本书第6页。

　　岭南盆景枝线中，节与节之间的回缩积聚后再生发，就产生力的变化，节与节之间的长、短互换，就出现了节奏变化，多次的节奏重复，就产生韵律。这就是枝线线条美的基础。

枝线的空间变化

　　枝线仅有节奏和韵律变化是不够的，这仅是二维空间的表现。盆景是立体的是有生命的，既属三维空间，也属四维空间。所以枝线要具备软角和硬角的变化，更要有前后左右的空间变化，这样的枝线才能全方位地反映出其力度、节奏、韵律和空间变化美。

枝线的起承转合

　　起承转合是中国艺术中的通用法则。

　　写文章要有起承转合，绘画中的构图更注重起承转合，岭南盆景造型中的枝线更离不开起承转合。起，即开始；承，即承接也就是过渡；转，即变化、更新、转变；合，回归统一。岭南盆景中的枝线不是独立的而是从属于整个作品，最后各托枝的气韵都要回归统一到整体效果中。

　　岭南盆景的优秀造型枝有：飘枝、探枝、拖枝、跌枝、泻枝。

　　现就个人的造枝过程进行具体分析。

　　飘、探、拖、跌、泻5种优秀造型枝适合岭南盆景中的多种形格，合理地运用，就能创作出变化多端的作品来。

　　岭南盆景的枝法是多样统一的，枝线的力度美、节奏美、韵律美、空间变化美，在盆景造型中是"放之四海而皆展"的。

1节，起。
2节，承接。
3、4、5、6、7节，转换、变化。
8、9节，合，回归，统一树势。

图2-134　飘枝

具体分析：1节，中长，走位正右；2节，短，走位左前；3节，长，走位右前；4节，长，走位正右；5节中长走位右前；6节，短，走位右后；7节，短，走位正下；8节，长，走位右前。各节间长短跨度不同、行走方位不同，再加上硬角、软角的不同运用，整条枝线就出现了力度、节奏、韵律和空间变化。特别是开始的1、2、3节，紧凑、压缩后再放出，力感特强

1节，起。
2节，承接。
3、4、5节，转、变换。
6、7节，合，回顾统一树势。

图2-135　探枝

具体分析：1节，短，走位正前出后下；2节，短，走位正下方；3节，长，走位正下转向前；4节，长，走位向右卷起再向左；5节、6节，长，走位左前；走位左上。整条枝线多取软角软弧状，节奏平缓、流动，仅中部逆转处出现力的变化，最后又归于平稳。枝线韵律圆转、顺畅，与作品的题名《闲庭信步》相统一

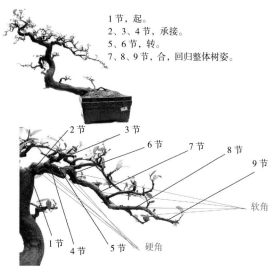

1节，起。
2、3、4节，承接。
5、6节，转。
7、8、9节，合，回归整体树姿。

图2-136 拖枝

具体分析：1节，短，走位右后；2节，短，走位右前；3节，短，走位左前，并组成两直角，力量压缩；4节，软弯中长，走位正右；5节，短，走位正后；6节，中长软弧状，走位右后；7节，长，软弧，走位右前；8节，长，走位右前；9节，短走位右后。枝线中，起、承、转三段，力量、节奏呈紧、松、紧状态。整体枝线力感强劲，空间变化大，活力十足

图2-137 跌枝

具体分析：1节，短，走位正右；2节，短，走位右后；3节，中长，走位右前转下；4节，中长，走位右前转下；5节，长，走位正下方转右；6节，中长，走位正下；7节，短，走位右前；8节，中长，走位右前；9节，中长，走位右后；10节，长，走位下转右前。整体枝线跌宕起伏，节奏韵律呈下滑势，最后上行收结

1节，起。
2节，承接。
3、4、5、节，转。
6、7、8、9节，合，回归整体树姿。

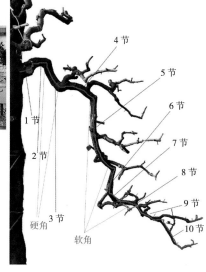

傲骨欺风 作者：江国斌

1节，起。
2节，承接。
3、4节，转。
5、6节，合，统一回树势。

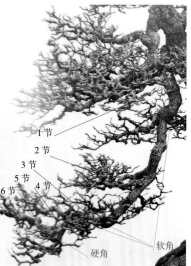

图2-138 泻枝

具体分析：1节，中长，正下；2节，特长，走位下转左前；3节，中长，走位左后；4节，中长，走位左下；5节，中长，走位左后；6节，中长，走位左后。枝线整体垂泻下行，节奏韵律起伏不大

形式枝成品举例

图2-139　曾宪烨作品　风吹枝式

图2-140　曾宪烨作品　垂枝式

图2-141　萧庚武作品　雪压枝式

图2-142　郭培作品　闪电枝式

例一 详解两半成品中枝法存在的问题

图2-143和图2-144是网友"痴迷不悟"的两对节半成品桩。两作品选桩、截桩、定托、造型形格、整体效果都较好,从中可看出作者对盆景技艺的理解和追求。但细细分析,从艺术的角度严格去要求,也还存在不少问题。如何去发现问题,解决问题,如何进一步提高就变得十分重要了。

现就两作品谈谈个人的看法。图2-143属直干式大树形格,作者将重点枝定在桩左、桩高的1/2位上,定托准确好(高度不是最好,1/3的黄金位相对较好);枝走方位是左前45度,好。但现有的枝线在造型和美感上却还有不少的提升空间(缺少力度美、节奏美、韵律美、空间变化美。

岭南盆景造枝重要的一点就是剪后选留定向芽,从而使枝线出现上下、前后、左右的变化,从剪枝长短跨度的不同去出现节律变化、从枝的空间占位去确定枝的空间变化。但从图2-145的标示可见,作者在剪后萌芽中多选留上向芽成枝,故枝多左右形态相同,成举手投降状,给观赏者一种不雅之感。图2-146的重点枝中,枝的主脉成"V"字形,最后尾梢方位为左后位,整体给观赏者一种远离之感。笔者认为这重点枝在枝线的力度、节奏、韵律、空间变化上还可处理得更好,更亲切些、更动人些。

图2-147是根据作者的定托位置和造型理念绘制的设计图。整体大效果端庄、稳重,树相雄厚,枝形茂实,并尽量在枝的力度、节奏、韵律、空间变化上追求完美。

图2-148是重点枝枝节的起伏变化、空间方位、长短跨度示意图,具体分析了制作枝线"四美"的可行性。

图2-151是另一桩在发现原作存在问题的基础上以解决问题为出发点绘制的成型设计图。作品取矮大树形格,整体造型动感较强,树相矮霸雄劲;重点枝刚好落在桩高的黄金位上,走位右前45度,枝形突出,枝线理想,使观赏者十分赏心悦目。

图2-152是重点枝、枝线成型过程的具体分析,尽可能地与枝线"四美"标准相一致。

图2-153是设计图的具体分析。A为重点枝,出枝高度在桩高1/3黄金位上,方位是右前45度,尾梢上扬,朝气蓬勃。B枝正左,C枝右后,D枝左后,F枝正右,G枝、H枝正前,I枝正后。布枝四歧、空间占位合理,整体疏密相宜。

图2-154和图2-155是孔泰初先生和笔者作品中具四美格的枝线。可见,在绘制设计图中除了要注意作品的取势和整体大效果外,在枝托的定位、分布、空间占位上也是非常讲究的,只有做到四歧出枝,树相才会丰满厚重;枝线尽可能地达到"四美"才会给人一种视觉冲击的效果。

图2-143 原桩正面树照

图2-144　另一桩的正面照

都为上向芽成枝，结果枝形成
投降状，不雅

图2-145　存在的问题示意

同为上向芽培育而成

分析：A、C、D三剪都是留上向芽成枝，韵律、节奏相同且都走左后位，节与节等长。故不是好的枝形

图2-146　存在问题的具体分析

图2-147　从新设计的成型效果

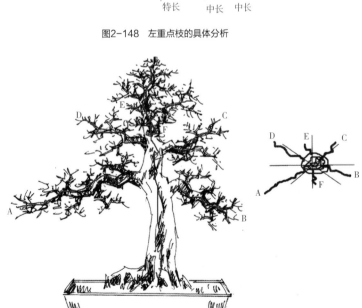

图2-148　左重点枝的具体分析

图2-149　这是枝托的分布、空间方位示意图。尽量做到布枝四歧，树相丰满厚重

主、次脉不分
空间过大
主脉横平直出
少力度少空间
变化，重点枝
尾梢应作右前
位较亲切。

前枝没处
理好有顶
心之嫌。

图2-150　另一作品现存问题的具体分析

图2-151　重新设计的成型效果

孔泰初先生
重点枝的节奏韵律美

图2-154　孔泰初作品

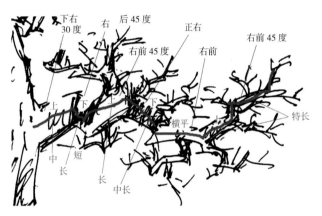

下右
30度　　右　　后45度
　　　　　　　　正右
　　右前45度　右前　右前45度
上　下　上　下
　　　　横平　　　　　特长
中　短　　　长
　长　　中长

图2-152　重点枝枝线的具体分析

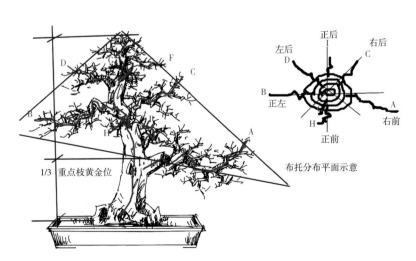

D　G　F
　　　　　C
B
H
A

1/3　重点枝黄金位

正后
左后　　　　右后
D　　　　　C
B　　　　　　A
正左　　　　　　右前
　H　　　正前

布托分布平面示意

图2-153　设计图的具体分析

致孚
远柏

探枝中的节奏韵律美

图2-155　曾宪烨作品

例二 布枝的重要性

布枝也即是枝托的布局。枝托的分布必须符合形式美的造型规律。现就"老松树"的雀梅林和"天涯"的单干山橘谈下个人的见解。

图2-156 "老松树"的雀梅林。林的造型要求是各干独立成相后又统一于整体形格。就现桩相，主干外围的两干布枝有夺主之嫌

图2-158 截剪部分枝托后的5干林相。把各干的主动势截出后，各干清晰，主体、客体、倍体一目了然

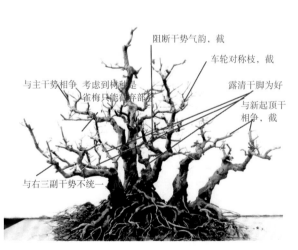

图2-157 具体分析。依据形式美法则就上图的分析进行截减

阻断干势气韵，截

车轮对称枝，截

与主干势相争，考虑到树种是雀梅只能留奇部分

露清干脚为好

与新起顶干相争，截

与右三副干势不统一

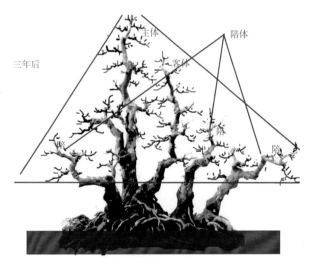

三年后

主体

陪体

客体

陪

陪

陪

图2-159 重新布托配枝后的效果。树相清新，潇洒，主次分明，整体协调统一

图2-160 "天涯"的山橘桩。从现桩相看，这桩的布托没有什么大的问题。但如果从艺术角度，严格要求，在枝走方位、枝的节奏、韵律、空间变化上，通过调矫可变得更合理些，能进一步提高作品的档次

图2-161 存在问题的具体分析

图2-162 枝托调矫后的整体效果。调矫后，各枝托的走位、空间分布更合理，新增前、后托，树相丰满，神韵更喜人

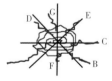

布枝平面分布示意

图2-163 调矫后的具体分析

这，只是就原作者造型存在的一些通病作出适当的调矫。至于现时还存在的左、右第一托不在黄金比上，整体造型该清还是秀应由作者自己下决心解决

从上可见，岭南盆景的枝法在造型中占十分重要的比例。掌握了好的枝法，才能出好的作品。

第三章 >>

树木盆景造型形式
实例详解

树种：山松　作者：韩学年

▶ 直干式

我把主干较中直的都归属到直干式

九里香（桩主：429044212）

桩材分析　优点：直干矮大树型格。桩身健康，有足够的原托截后可利用为第一节，缩短作品成型时间。根平浅。干有坑有稳。缺点：截后，桩有大小不一多个伤口，有少量二重根（图3-1、图3-2）。

造型要点　直干矮大树型格造型，充分利用截后的原枝作第一节，注意枝走方位、成型高度、前后枝的处理（图3-3）。

设计分析　A为左重点枝，起托黄金位，与右第一托组成不等边三角形底边，构图稳中求动，走位左前。B左后，C右后，D正右，E前，F后。布枝四歧，树相丰满厚重，结顶略偏右，与主干势韵相统一，在端庄稳重中求变化（图3-4）。

图3-1　原桩坯

由重点托定主干高

定为重点枝起托第一节

与重点枝重叠

过矮

保留为右后枝第一节

内角过矮

图3-2　截桩具体分析

图3-3　造型设计

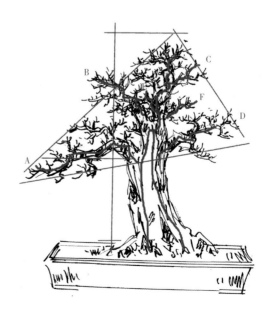

图3-4　设计具体分析

图3-5 桩主认定的桩背面相

图3-6 桩主认定的正面相

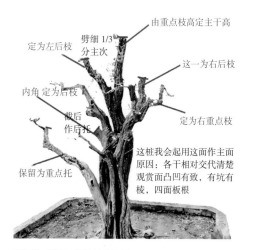
图3-7 选面、截桩具体分析

图3-8 成型设计图

图3-9 设计具体分析

图3-7内标注文字:
由重点枝高定主干高
劈细1/3分主次
定为左后枝
这一为右后枝
内角定为后枝
定为右重点枝
截后作后托
这桩我会起用这面作主面 原因:各干相对交代清楚 观赏面凹凸有致,有坑有 棱,四面板根
保留为重点托

图3-9内标注文字:
两重点托在黄金位, 造型右轻左重,取 势中正稳重。

九里香（桩主：阿华）

桩材分析 优点:这是一特大型的九里香桩,属园林地景树。桩相古朴,苍劲,干有棱凸坑稔,分枝较矮,枝多,有再塑形提高品格的潜力。缺点:作盆景过高,超过岭南盆景评比标准中的最高限值(图3-5、图3-6)。

截桩要点 考虑作品的高大劲健,宜作为盆景式的园林景观树处理。直干大树型格,造型充分利用原有的自然枝托,扩展左右空间,力求雄厚、秀茂(图3-7)。

造型要点 以"盛世华典"为主题进行构思。肃穆、庄重、正气为设计要点。朝气、生机勃勃、福荫万年为设计目标(图3-8)。

设计分析 A、E左右两重点枝落点黄金位组成不等边三角形底边构成稳重中正基础。枝走方位:A左前,B正左,C左后,D右后,E右前,F前,G后。布枝四歧,树相团峦、厚重,中留有多个大小不一的气眼,故没有闭塞之嫌。根板裸露稳固,风吹不动、雷打不倒(图3-9)。

金豆（桩主：九龙洞）

桩材分析　优点：金豆多以中小桩居多，像这样的大型桩实是难得。桩健康、根板好。缺点：干身上下粗度基本一样，收尖过渡不好，干身上段硬直，少原托可利用（图3-10）。

造型要点　直干高飘形格。常规的中正造型。突显根板右拖精华（图3-11）。

设计分析　不等边三角形构图，左展右缩，在争让中求动感、求变化。枝走方位：A左前，B左后，C右后，D正右，E前，F后（图3-12）。

九里香（桩主：康巩固）

桩材分析　优点：桩健康，壮龄，有足够的原托可利用；根四歧、高裸；整体树形矮霸。缺点：截桩后有多个伤口，原侧托过粗，比例不甚合理（图3-13）。

造型要点　直干常规矮大树造型。充分利用截后原枝托作造型第一节，缩短作品成型时间。正面顶心根尽量短截不使过于前冲。右第一托为防干身水线枯死，作了点枝处理（图3-14）。

设计分析　树相中正常规，端庄、稳重。布枝四歧，展左让右。构图取不等边三角形，稍具动感。枝走方位：A左前，B左后，C右后，D正右，E前，F后（图3-15）。

图3-10　桩正面相

图3-11　成型设计

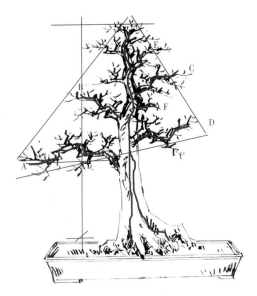

图3-12　设计具体分析

图3-13　原桩正面相和截桩分析

图3-14　成型设计

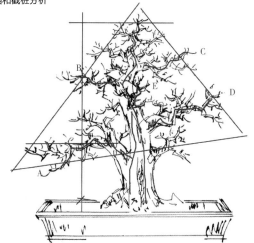

图3-15　设计分析

九里香（桩主：李辉）

桩材分析　优点：桩健康，干身有棱凸坑稔，相苍劲，有可利用的原托，上盆熟桩，少了育桩风险。缺点：家培实生苗桩，少了桩的自然野味（图3-16）。

根据桩相，作了两种栽桩和造型方案（图3-17、图3-18）。构思不同，截法不同。这是岭南盆景造型中最重要的一点。玩盆景要切记：人的主观因素第一。

方案1造型要点　短截主干使右一重点托在黄金位上，符合形式美的要求（图3-19）。

方案1设计分析　不等边三角形构图，布枝四歧，右争左让，稳重中求动感。右重点枝在利用原截托作第一节后，第二节走上位，拉大与盆面空间，增加视觉观感。枝走方位见图3-20中分析。

方案2造型要点　利用原主干的高度，作高飘造型。树相潇洒，灵动，轻盈，飘逸，动感稍强（图3-21）。

方案2设计分析　不等边三角形构图。结顶右昂，干身出现轻微的S形变化，左一重点托落点桩高，上1/3黄金位。布托四歧。枝走方位见图3-22中分析。

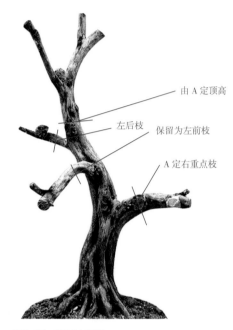

图3-17　截法1大树型

（标注）由A定顶高
左后枝
保留为左前枝
A定右重点枝

图3-16　原桩正面相

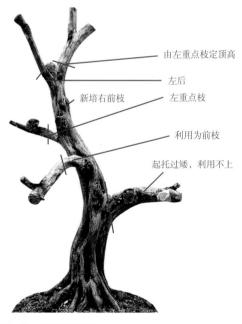

图3-18　截法2高干大树

（标注）由左重点枝定顶高
左后
新培右前枝
左重点枝
利用为前枝
起托过矮，利用不上

图3-19 截法1的设计

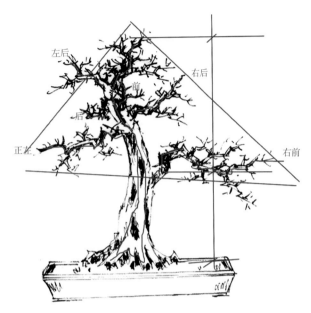

图3-20 截法1的设计分析

图3-21 截法2的设计

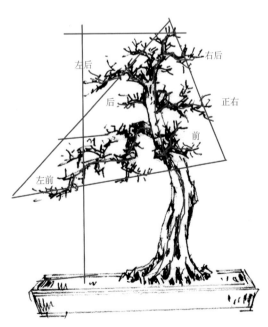

图3-22 截法2的设计分析

雀梅（桩主：梅君）

桩材分析　优点：桩健康、壮龄，干身收尖过渡好，有充足的可利用原托。三面根，左拖根与干势统一，好。缺点：截后伤口较多（图3-23）。

造型要点　右飘枝取势，与左拖根相呼应。树相展右缩左加强动感在常规造型中求突破（图3-24、图3-25）。

设计分析　斜向等边三角形构图，右重点枝落点桩高黄金位。布枝四歧，树相洒脱、飘逸。枝走方位：A正右，B右后，C正左，D左后，E前，F后（图3-26）。

图3-23　原桩正面照

图3-24　截桩分析

图3-25　造型设计

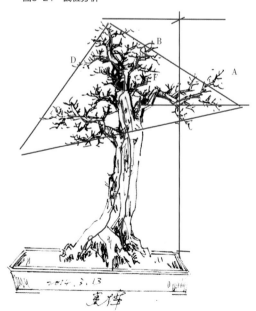

图3-26　设计分析

金弹子（桩主：武陵盆景）

对比图3-27和图3-28可见，这桩虽然两面都可作观赏面，但相对来讲，总应有一面更好些。这就是选面的重要性。因为今后的截桩、布枝、枝走方位、空间分布都要依此而为。

桩材分析 优点：这是一上好的金弹子桩。根头部靴霸劲健，隆基高耸，主干收尖顺畅，根平浅，成活率高。缺点：少原大托伴嫁（图3-29）。

造型要点 常规中正造型。以庄重、端庄肃穆、正气为主要神韵（图3-30）。

设计分析 等腰三角形构图，奠定稳重基础。右重点枝落点黄金位。布枝四歧。枝走方位：A正左，B左后，C右后，D右前，E前，F后（图3-31）。

图3-27 原桩正面照

图3-28 原桩背面照

图3-29 选这面作主面的具体分析

图3-30 设计效果

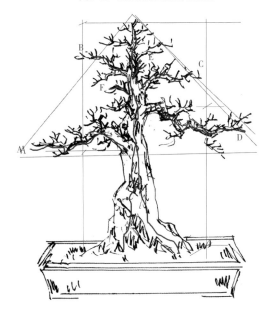

图3-31 设计分析

雀梅（桩主：醉舞）

桩材分析 优点：这是一培育多年的作品，定托布枝准确。桩健康，有进一步提高空间。缺点：没掌握形式美的规律。结顶过高，各枝托的主脉次脉不清楚，枝的空间走位不合理（图3-32）。

造型要点 直干矮大树型格造型。由于是改作，不宜作大修剪，只能按形式美的标准对枝托进行加减、调整（图3-33，图3-34）。

设计分析 等腰三角形构图，重点是理顺各枝托的主脉、次脉，调整各枝托的走位和空间分布。降顶，使右一重点托落点黄金位。枝走方位：A正左，B左后，C正左，D右后，E右前，F后（图3-35）。

由于是改作，并不能达到新桩设计时的尽善尽美。

图3-32 半成品桩照

图3-33 改作的具体分析

图3-34 改动后的设计

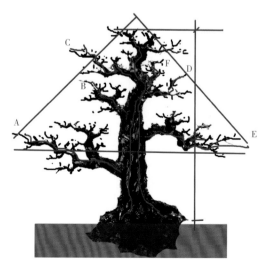

图3-35 设计分析

榆树（桩主：榆树爱好者）

桩材分析　优点：自然形态好，樵夫无意识地对枝干进行了多次截蓄。干收尖顺畅，三面根，枝托分布合理，成型快。缺点：前根顶心。干右缺托（图3-36、图3-37）。

造型要点　直干矮大树型格。以野趣秀茂为主基调（图3-38）。

设计要点　充分利用原有枝托，缩短作品成型时间。不等边三角形构图，树相展左缩右，整体势韵微右倾，在稳定中求动感。布托四歧，增加的高位右枝、前点枝、后点枝，需时少，能与各枝托一起成熟，使作品成型时间统一。枝走方位：A正左，B左后，C右后，D右前，E前，F后（图3-39）。

图3-36　原桩正面照

两枝形态相同
枝走方位相同
短截上枝改走方向

这是一较好的桩原托足、主干收尖过渡好。成型快干右缺原托、干身有虫口

图3-37　截桩具体分析

图3-38　成型设计

图3-39　设计分析

山橘（桩主：大师兄）

桩材分析 优点：这是半成品桩。定托准确，培育的第一节枝粗度足，1、2节短剪好。缺点：顶枝超高，右一重点托，第一节卸肩，不是最好状态（向上起后再下走较好）（图3-40、图3-41）。

造型要点 这是带有曲、斜意味的桩。故造型也向之靠拢，尽量和形式美的标准相统一（图3-42）。

设计要点 不等边三角形构图，右重点枝带有拖枝意味，落点基本在黄金位上。（如果是第一次截桩，主干我会再短截一点，这样重点枝就完全在黄金位上。更符合形式美的审美标准）。布枝四歧。桩植盆长黄金位。枝走方位：A正左，B左后，C正右，D右前，E前，F后（图3-43）。

图3-40 原桩正面照

考虑右一位置，降顶为好

枝走方位不好

图3-41 改动截桩具体分析

图3-42 截桩后设计

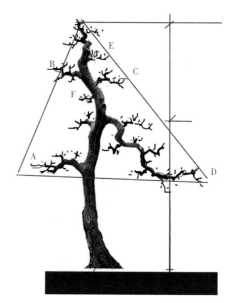

图3-43 设计分析

九里香（桩主：侯增华）

桩材分析 优点：桩健康，有原托可利用，根，四歧，干收尖顺畅。缺点：实生苗家培桩，少古朴、苍劲（图3-44、图3-45）。

造型要点 常规直干大树形格。力求中正、端庄、稳重（图3-46）。

设计分析 等腰三角形构图。左一重点枝落点黄金位。充分利用原有托，布枝四歧，成型时间短。枝走方位：A正左，B左后，C右后，D右前，E前，F后（图3-47）。

图3-44 原桩正面照

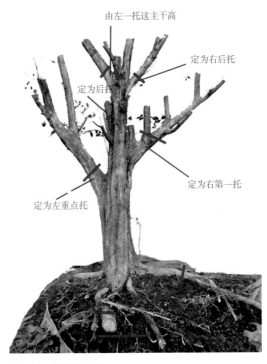

图3-45 截桩具体分析

图3-46 成型设计

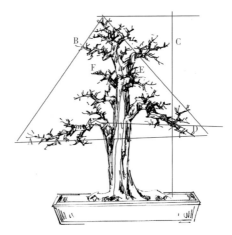

图3-47 设计具体分析

图3-48 原桩主选定的主面

选这一面作主面，原托利用率最高。
干身不见大伤口，中间大托可利用为后托。干身整体中正有端庄肃穆之气，可作企树木棉型格造型

图3-49 选面截桩具体分析

图3-50 造型设计

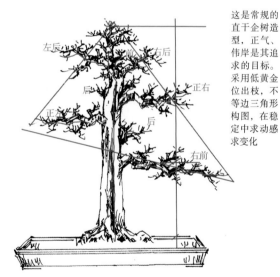

这是常规的直干企树造型，正气、伟岸是其追求的目标。采用低黄金位出枝，不等边三角形构图，在稳定中求动感求变化

图3-51 设计具体分析

金弹子（桩主：男一甲）

桩材分析 优点：桩大气，有原托可利用。干身收尖顺畅，下直上曲有特色。缺点：各托都呈90度向上，只能短截利用为底基（图3-48、图3-49）。

造型要点 常规直干木棉型格。雄壮、挺拔、高耸、正气。基底稳固、牢不可摧（图3-50）。

设计分析 不等边三角形构图。树相展右缩左，在稳定中求动感。右一重点枝落点黄金位。布枝四歧。植盆正中，中正大方。枝走方位见图3-51。

斜干式　是以干的形态来划分的

榆树（桩主：YOUZH88）

桩材分析　优点：半成品桩，桩身健康，布托准确，截桩到位，干身收尖顺畅。缺点：截根不到位，枝的空间走位不理想（图3-52、图3-53）。

造型要点　斜干矮大树格。充分利用了原桩的枝托，重点在枝走方位和空间分布上加以合理改动，提高作品成型档次（图3-54）。

设计要点　曲斜干拖枝造型。不等边三角形构图。布枝四歧，左右重点枝落点黄金位。树相留空布白好，结顶中正，整体势韵右倾，动感强，重心稳。枝走方位：A左前，B左后，C右后，D正右，E前，F后（图3-55）。

图3-52　原桩正面照

图3-53　截桩具体分析

图3-54　成型设计

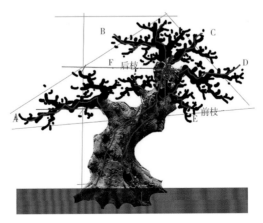

图3-55　设计具体分析

山橘（桩主：文昌老四）

桩材分析 优点：干身斜立，有收尖有曲度，有节奏，有韵律。缺点：干身第一段稍长，没原桩托伴嫁（图3-56、图3-57）。

造型要点 取常规拖枝奔月式。重点培育左展要枝，力求枝线"四美"。树相灵动、朝气，动感强烈（图3-58）。

设计要点 不等边三角形构图。结尖顶、右昂与拖枝相呼应，枝四歧，树相清疏、简洁，气宇轩昂。枝走方位：A左前，B左后，C右后，D右前，E前，F后（图3-59）。

图3-56 原桩正面相

图3-57 截桩分析

图3-58 造型设计

图3-59 设计具体分析

雀梅（桩主：老松树）

桩材分析　优点：难得的雀梅大桩。健康，有原托可利用。根平浅。缺点：图3-61作主面右向缺拖根。

造型要点　带三干意趣的斜干大树造型。左一重点枝均衡全桩，重心稳固。右两干既可作干看也可作托看，树相丰满（图3-64）。

设计要点　取不等边三角形构图，稳重中求动感、求变化。结顶中正，重心稳固。布托四歧，留空布白，灵动。左重点枝突出，有一好遮百丑的效果。枝走方位：见图3-65。

图3-60　原桩正面照

图3-61　原桩背面照

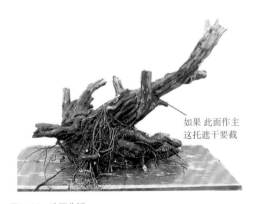

图3-62　选面分析

如果 此面作主这托遮干要截

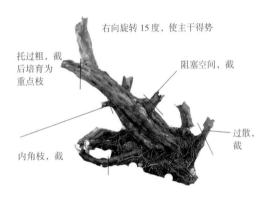

图3-63　定为主观赏面的分析

右向旋转15度，使主干得势

托过粗，截后培育为重点枝

阻塞空间，截

过散，截

内角枝，截

图3-64　造型设计

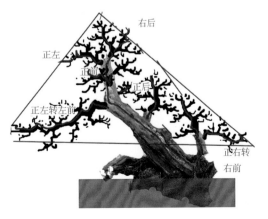

图3-65　设计具体分析

右后

正左

正前

正后

正左转左前

正右转右前

山橘（桩主：绿益园）

桩材分析 优点：桩大气，曲度好，收尖好。健康、壮龄。缺点：原托过粗截后没原托可利用（图3-66至图3-68）。

造型要点 曲斜干高位跌枝造型。右一重点枝均衡全桩。树相右重左轻，视野开阔（图3-69）。

设计要点 右重点枝力求达到"四美"。布枝四歧，留白讲究。结顶回顾副干，整体气韵统一。枝走方位：A右前，B左上，C正左，D右后，E前，F后（图3-70）。

图3-66 原桩正面相

图3-67 原桩背面相

图3-68 截桩分析

图3-69 造型设计

图3-70 设计分析

山橘（桩主：木雕泥塑）

桩材分析　优点：桩健康，有曲度有收尖，节奏韵律好。缺点：少原托成光身相（图3-71）。

造型要点　常规斜干水影探枝造型，险中求险。势态夸张、险峻，有视觉冲击力（图3-72）。

设计要点　利用左一高位探枝均衡全桩，势态险绝，动感极强。不等边三角形构图，左重右轻，整体势韵统一。布枝四歧，右第一点托起"四两压千斤"作用。配长方马糟盆，增强量感，使观赏者达到视觉均衡的效果（图3-73）。

三角梅（桩主：乔木）

桩材分析　优点：桩健康，有曲度，收尖顺畅。壮龄，无伤口。缺点：没有原托可利用。截根过短，难培粗根（图3-74）。

造型要点　常规斜干大树造型。结顶中正，重心回归盆内。树相秀茂、洒脱（图3-75）。

设计要点　不等边三角形构图，险中求稳。布枝四歧，注意各枝空间分布。左重点枝注意枝的节奏韵律美。枝走方位：A左前，B左后，C右前，D右后，E前，F后（图3-76）。

图3-71　原桩正面照

图3-72　造型设计

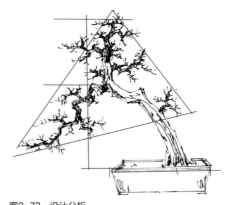

图3-73　设计分析

图3-74　原桩正面照

图3-75　造型设计

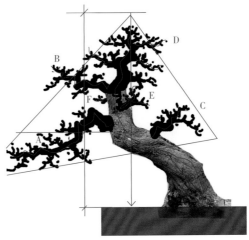

图3-76　设计具体分析

图3-77 原桩正面照

图3-78 取势、立向、截定分析

图3-79 造型设计

红果（桩主：欧阳国耀）

桩材分析 优点：桩健康，无大伤口。桩身有曲度，有收尖，势韵好。缺点：少原托伴嫁。实生苗家培桩，少野趣、野味（图3-77、图3-78）。

造型要点 曲斜干拖枝造型。力求活泼、灵动。势态夸张，险中求稳，求突破（图3-79）。

设计要点 右一重点枝落点黄金位，枝线翻卷扭动，拖而后上，极得"四美"之趣。布托四歧、简洁。留空布白精确。树形有升腾大势。枝走方位：A左前，B右前，C右后，D前，E后（图3-80）。

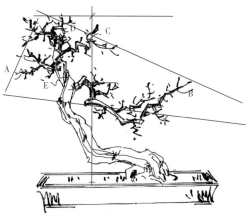

图3-80 设计分析

图3-82 造型设计

山橘（桩主：冯修伟）

桩材分析 优点：难得的大桩。健康，无伤口。势右斜，干身有少少曲度。缺点：全桩无收尖过渡，无原托可利用（图3-81）。

造型要点 取飞升奔月之意，锐意进取，态势飞扬（图3-82）。

设计要点 所有枝托需重新培育，注意右重点枝芽位的选定，枝的起伏、空间变化。结顶左展与干身势韵统一。干植盆右边，让出盆左空间，开阔视野。枝走方位：A左前，B左后，C右后，D右前，E前（图3-83）。

图3-81 原桩正面相

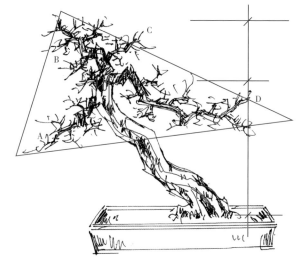

图3-83 设计分析

九里香（桩主：怡园）

桩材分析　优点：桩的精华在根头部，自然、野趣。缺点：桩左缺原托，根没截到位（图3-84、图3-85）。

造型要点　斜干矮大树格造型。取双干大树意趣。树相雄浑、秀茂（图3-86）。

设计要点　不等边三角形构图。高位飘枝均衡整体树势。布枝四歧。桩植盆正中，重心回归盆内。枝走方位见图3-87标示。

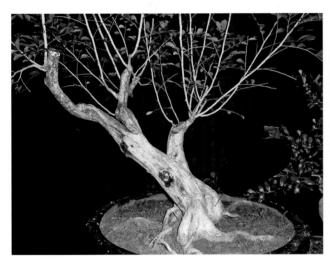

图3-84　原桩正面照

图3-85　选面截桩分析

图3-86　造型设计

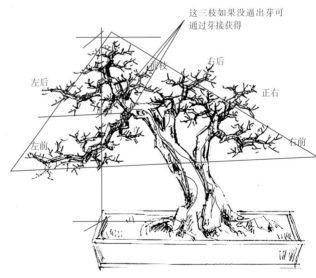

图3-87　设计的具体分析

山橘（桩主：中年人）

桩材分析　优点：桩健康，有曲度。收尖顺畅。干身节律、势韵好。缺点：少原托伴嫁（图3-88、图3-89）。

方案1造型要点　曲斜干探枝造型，带水影意趣。结顶右昂，干身呈"S"形，树相稳中带险（图3-90）。

方案1设计要点　桩左配高位探枝，落点黄金位，力求枝线灵动，具"四美"标准。布枝四歧、左展右缩、左重右轻，树相险峻。重心稳固。枝走方位：A左前，B左后，C正右，D右前，E前，F后（图3-91）。

方案2造型要点　曲斜干拖枝造型，相，取奋进、升腾之意（图3-92）。

方案2设计要点　不等边三角形构图。桩右配高位拖枝，落点黄金位，险中求稳。布枝四歧，态势稳重。枝走方位：A左前，B正左，C右后，D右前，E前，F后（图3-93）。

图3-88　原桩正面相

图3-89　截桩分析

图3-90　造型设计方案1

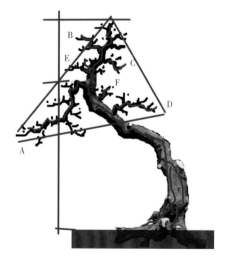

图3-91　设计方案1分析

图3-92　造型设计方案2

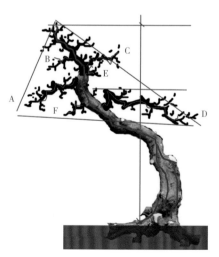

图3-93　设计方案2分析

曲干式 是以干的形态来划分的造型形式

罗汉松（桩主：LAOCHEN）

桩材分析　优点：矮霸劲健。精华集中于根头部，震撼人心。收尖顺畅，有一原托伴嫁。缺点：少伴嫁托（图3-94）。

造型要点　曲干拖枝造型。树相雄厚壮实，取相扑力士的神韵，矮、横、壮、健。风华正茂，热力四射（图3-95）。

设计要点　短截主干少少，在同一截口的左右位置，接两芽，成活后培育为顶枝和右重点枝。桩左原托短截一点后在下位接芽，成活后培育为左第一托。干中部接芽，培育为前枝。不等边三角形构图，动感强劲。结顶左展与干身神韵相统一。布枝四歧。力求浑雄厚重。枝走方位：A左前，B左后，C右后，D右前，E前，F后（图3-96）。

矮大树形格曲斜干拖枝造型

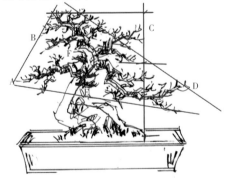

图3-96　设计具体分析

罗汉松（桩主：SKYILNE)

桩材分析　优点：干呈"S"形，动态好。健康，无伤口。相矮，雄壮，劲霸。缺点：无原托的光身桩，成型时间长（图3-97）。

造型要点　原干身再短截一点后，在截口的上方和下方各接一芽，培育为顶枝和右第一托。干下左前位接芽，培育为左前重点枝。干中左后位接芽培育为左后枝。树相横展，左右开张，重左轻右加强动感。散枝结半圆顶，团峦、茂密、生机勃勃（图3-98）。

设计要点　不等边三角形构图，锐角在左，势临水。左后枝外展张扬，打破构图边线，异军突起，活泼灵动。布枝四歧，各枝节力求肥厚、壮实。枝走方位：A左前，B左后，C正左，D右后，E右前，F前（图3-99）。

图3-99　设计分析

罗汉松（桩主：一凡毛衣）

桩材分析 优点：这是一十分难得的上上桩。健康、壮硕。收尖过渡好，根盘入泥状态好。缺点：少原托伴嫁，成型时间长（图3-100）。

造型要点 中、正、刚、劲，集我国台湾和日本造型风格于一体。雄、厚、矮、霸（图3-101、图3-102）。

设计要点 等腰三角形构图，奠定稳重基础。左一托，右一托外展，尾梢一上一下求变化。布枝四歧，树相金字塔般，稳如泰山。枝走方位见图3-103。

图3-100 原桩正面照

图3-101 用PS设计的成型效果

图3-102 钢笔设计的成型效果

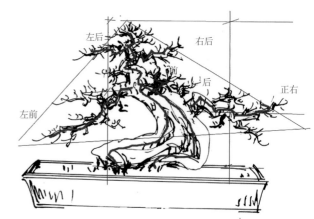

图3-103 设计具体分析

九里香（桩主：方英明）

桩材分析　优点：桩曲度好，有足够的原托可利用，干收尖顺畅，有坑有稔，古朴、苍劲。缺点：家培实生苗桩。截托第一节稍长（图3-104至图3-106）。

造型要点　桩定"S"形主干势。树相高耸、轩昂。格调潇洒、飘逸、前瞻，有引领大势（图3-107）。

设计要点　不等边三角形构图。左右重点枝落点黄金位。右一配高位飘枝，洒脱、灵动。布枝四歧，特别注意正前枝的处理，让出干右大遍空间，成为留白亮点。枝走方位见图3-108。

图3-104　桩主选定的正面左转45度照

图3-105　桩主原定的正面照

图3-106　选面截桩分析

图3-107　造型设计

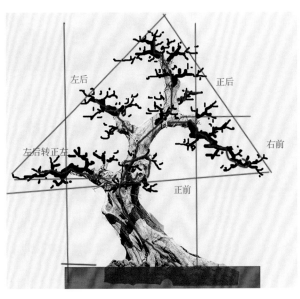

图3-108　设计分析

图3-109 原桩正面照

图3-110 就现状截桩

图3-111 造型设计

博兰（桩主：老松树）

桩材分析 优点：桩干身曲度大，水线高隆，收尖自然、顺畅。布托准确。缺点：这是半成品桩，原托作为第一节，截得稍长，有商品之嫌，如果再短少许，效果绝对比现时好（图3-109、图3-110）。

造型要点 充分利用桩身卷曲起伏的个性，龙行虎步，昂首挺胸，大步前进（图3-111）。

设计要点 等腰三角形构图。左一重点枝取拖枝势，与前行桩相统一。布枝四歧，简洁明快。枝走方位：A正左，B左后，C正右，D右后，E右前，F前，G后（图3-112）。

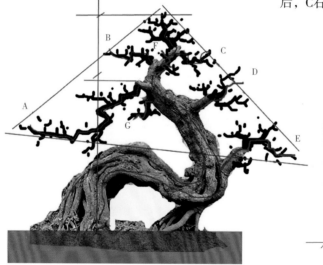

图3-112 设计分析

图3-114 造型设计

九里香（桩主：阿华）

桩材分析 优点：干身曲度好，有坑稔棱凸。根左拖与截后顶枝势韵相统一。健康、壮龄。缺点：右底托过粗。顶干截后有大伤口，少前后托（图3-113）。

造型要点 取"S"形为干身主动势，昂首阔步。"开张天岸马，得意人中龙"（图3-114）。

设计要点 不等边三角形构图，动感强烈。左一重点枝取高位飘枝相，在制作上枝线力求达到"四美"，其余各托注意枝走方位，制作上可适当放松。右一托为保原桩水线，作了点托处理。枝走方位：A正左，B左后，C右后，D右上，E前，F后（图3-115）。

图3-113 桩主选定的正面相

图3-115 设计分析

榆树（桩主：赖云生）

桩材分析　优点：桩身曲度好，收尖好，桩相矮霸劲健，头根部有隆基。力感、量感强。缺点：伤口多，桩上部少原托（图3-116、图3-117）。

造型要点　取日本和我国台湾的冠状型格，用岭南的枝法进行剪蓄，在杂木类造型中求取新意。雄、秀、壮、健，力士标准（图3-118）。

设计分析　不等边三角形构图，左右重点枝横平开展，落点黄金位。布枝四歧，重左轻右，态势开张。枝走方位：A正左，B左后，C正右，D正前，E后（图3-119）。

图3-116　原桩主选定的主面

图3-117　截桩分析

图3-118　造型设计

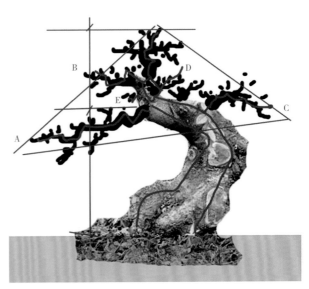

图3-119　设计分析

九里香（桩主：一凡毛衣）

桩材分析 优点：这是一地培有年数的桩，古朴、劲健。定托准确。干身水线显露，根头部精华突出。缺点：左一托定托稍低（图3-120、图3-121）。

造型要点 把桩根高抬，解决左一托稍低的矛盾，尽可能向黄金位靠拢。干身下直上曲，结顶左展，与右一重点托势韵统一。树相清高、潇洒、空灵（图3-122）。

设计要点 等边三角形构图。左右重点枝落点黄金位。高位飘枝均衡整体树势。布枝四歧，争让得法。枝走方位：A正左，B左后，C右后，D右前，E前，F后（图3-123）。

图3-120 桩主选定的主观赏面

图3-121 截桩分析

图3-122 造型设计

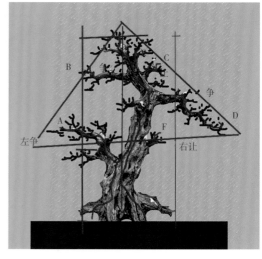

图3-123 设计分析

罗汉松（桩主：一凡毛衣）

桩材分析 优点：干身曲度好，健康、收尖好。顶托位置好。缺点：家培桩，少野性、野趣（图3-124、图3-125）。

造型要点 常规曲干飘枝造型，奋发锐进为构思主题。树相灵动、朝气，生机勃勃（图3-126）。

设计要点 不等边三角形构图，枝形左右平展。重左轻右。势韵进取。枝走方位：A正左，B左后，C右后，D右前，E前，F后（图3-127）。

朴树（桩主：青韵盆景）

桩材分析 优点：这是一带矮大树格的曲干桩。健康，有原托可利用。主副干收尖顺畅。缺点：根前冲，短截后伤口大（图3-128、图3-129）。

造型要点 依主干势和原托作飘枝水影造型。树相秀茂，雄健（图3-130）。

设计要点 等腰三角形构图。左重点枝落点黄金位，临水态势，飘动灵逸。副干右展，均衡整体树势。布枝四歧。空间占位合理。枝走方位：A正左，B左后，C右后，D右前，E前，F后（图3-131）。

图3-124 桩主截定的原桩正面相

第一次杀就应该杀到这。这是白浪费时间的结果

图3-125 截桩分析

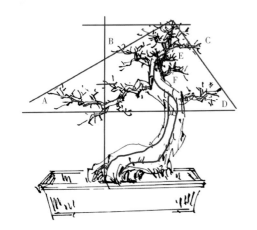

图3-127 设计分析

图3-129 截桩分析

图3-128 原桩正面照

图3-130 造型设计

图3-126 造型设计

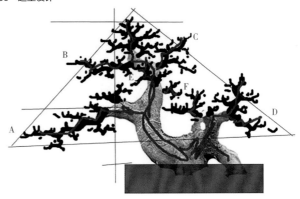

图3-131 设计分析

卧干式 是以干身的形态来命名的造型形式

图3-132 原桩正面照

图3-133 截桩后正面照

朴树（桩主：张帝高）

桩材分析 优点：这是一巨型朴树桩。干身横卧翻卷，古朴劲健，惊心动魄，震撼心灵。缺点：原桩主截桩不到位，根、干都没截好。没有造型方案，定托不准确，白白浪费时间（图3-132、图3-133）。

方案1造型要点 典型的卧干式造型。结顶中正，树相较平正、内敛。动静结合，少张扬（图3-134）。

方案1设计要点 不等边三角形构图。左重点枝落点黄金位并起到将观赏者视线引导到横卧的干身精华中的作用。布枝四歧，结半圆顶，有日本盆景造型的影子。枝走方位：A左前，B左后，C右后，D正右，E前，F后（图3-135）。

方案2造型要点 顶枝右展与左拖枝势韵一致，中正中求动感求变化。树相左右张扬、舞动。整体效果雄、劲、矮、霸。"力拔山兮气盖世"（图3-136）。

方案2设计要点 不等边三角形构图。左重点枝落点黄金位，枝线左拖、空间变化强劲。结顶右张，锐意进取。布枝四歧，态势外拓。枝走方位见图3-137。

图3-134 造型设计方案1

这是典型的卧干桩
桩的精华在下部的卧干
左拖枝成为视觉中心
引观赏者视线集中到精华部位

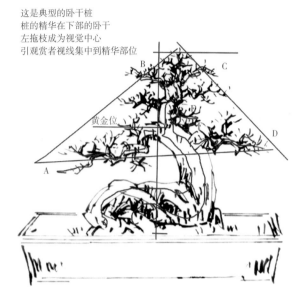

图3-135 方案1设计分析

图3-136 造型设计方案2

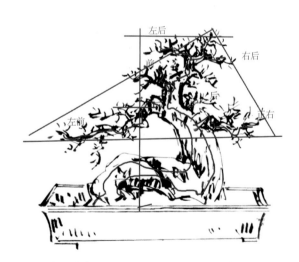

图3-137 方案2设计分析

山石榴（桩主：张总）

桩材分析 优点：苍劲、古朴、霸气，有卧狮般的威势。有多个原托可利用。缺点：造型方向不明确，枝走方位不理想，布枝杂乱无章（图3-138、图3-139、图3-140）。

造型要点 充分利用原培托作第一节。

定右重点枝位置，桩高上1/3，高位飘枝。结顶左展与飘枝、卧干势相统一。整体效果给人以奋进图强之感（图3-141）。

设计要点 不等边三角形构图。右重点枝落点桩高黄金位。桩植盆黄金位。布枝四歧，左右开张。特别要注意原干身下部左右两点枝和后枝的处理。枝走方位：A正左，B左后，C右后，D右前，E前，F后（图3-142）。

图3-138 原桩正面照

现造型方案不明确，枝多取大向荏，成披降枝。枝的主次层次、花位关系不明确

图3-139 截桩分析

图3-140 截后桩相

图3-141 造型设计

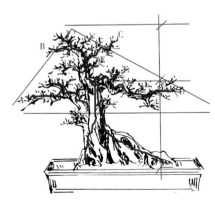

图3-142 设计分析

山橘（桩主：pytepj)

桩材分析 优点：这是一典型的卧干式造型桩。健康、大气。干身收尖顺畅，有凸凹。缺点：没有原托，成型时间长（图3-143）。

造型要点 常规的拖枝造型。结顶左展与拖枝、卧干段势韵统一。整体效果：树相左展、瞻前顾后（图3-144）。

设计分析 不等边三角形构图。右一重点枝落点黄金位，枝形下拖与横卧干段呼应。布枝四歧，重右轻左，争让相宜。枝走方位：A正左，B左后，C右后，D右前，E前，F后（图3-145）。

九里香（桩主：阿华）

桩材分析 优点：干身曲度好，收尖好，有充足的原托可利用，有凸凹坑稔。树相老劲、苍古。缺点：个别原托过粗，比例稍过。伤口多（图3-146、图3-147）。

造型要点 卧干高耸造型。整体效果前进、奔跃。有天马漫步云中，昂首嘶鸣之意（图3-148）。

设计要点 不等边三角形构图，动中求静。桩左高位搭配拖枝，势态险劲。结半圆顶，加重上部感观和整体势韵。布枝四歧，左一重点枝落点黄金位，各枝争让相宜。枝走方位见图3-149。

图3-143 原桩正面照

图3-144 造型设计

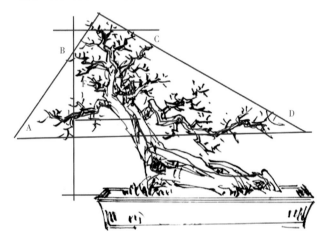

图3-145 设计分析

图3-148 造型设计

图3-146 原桩正面照   图3-147 截桩示意

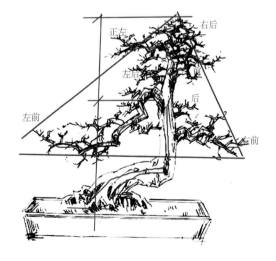

图3-149 设计分析

雀梅（桩主：群策群力）

桩材分析 优点：桩健康、大气，有足够的原托可利用。缺点：个别原托较粗。截后有较大伤口（图3-150、图3-151）。

造型要点 带三干小林格的卧干拖枝造型。整体效果：奔腾、激热。三干相互照应，势韵统一（图3-152、图3-153）。

设计要点 不等边三角形构图。布枝四歧，右重点枝落点黄金位。高位拖枝与卧干段互动，加强观赏者视觉注意。结散枝半圆顶，树相浑雄秀茂。枝走方位：A正左，B左上，C正左，D右后，E右前，F前（图3-154）。

图3-150 原桩正面照

图3-151 截桩分析

图3-152 PS设计，注意根的入泥和裸露状况

图3-153 钢笔设计

图3-154 设计分析

山橘（桩主：王老桔）

桩材分析 优点：桩健康、大气，有一原托可利用。根横、须根多，成活率高。缺点：截后有一大伤口。干身平卧，露盆高度有限（图3-155、图3-156）。

造型要点 矮身卧干拖枝造型，撑起上半身的睡美人状态。懒散、慵倦。有"帘卷西风，人比黄花瘦"之感（图3-158）。

设计要点 左一重点拖枝回顾横卧干段，成为全桩精华、视觉集中点。不等边三角形构图。布枝四歧，注意拖枝的节奏、韵律美。枝走方位：A正左，B左后，C右后，D右前，E前，F后（图3-159）。

图3-155　原桩正面照

如果竖起来，尖脚根过露、造型只能是文人格、对于12厘米的主干不见得是好的选择

图3-157　PS的成型设计，注意根的入盆状态

图3-156　桩竖起照

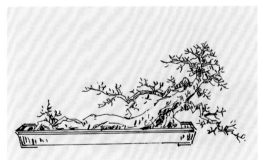

图3-158　钢笔成型设计

岭南盆景的截桩造型一般应该以原生态为主。这桩属卧干桩。精华在于卧、造型右探左飘

图3-159　设计分析

图3-160　原桩正面照

图3-161　成型设计图

红牛（桩主：吴计炎）

桩材分析　优点：桩相劲健，干身收尖好。古朴苍劲。难得的好桩。缺点：干、根有大截口。没有原托，成型时间长（图3-160）。

造型效果　雄浑、壮实、豪气、劲健。军人的气质、胆魄（图3-161）。

设计要点　不等边三角形构图。桩右搭配高位拖枝与半卧形干身势韵一致。结顶左展与拖枝呼应。布枝四歧，各枝争让得法。枝走方位：A正左，B左后，C右后，D右前，E前（图3-162）。

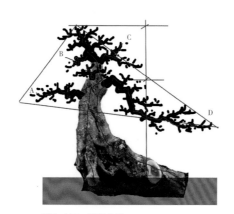

图3-162　设计分析

截桩的要点是把主干和桩的精华突出出来。这桩根多，截后不影响成活、也不会偏枯

图3-164　截桩分析

图3-165　造型设计，注意根的入盆情况

雀梅（桩主：爱桩）

桩材分析　优点：这桩的精华在于横卧的根头部。有足够的原托可利用。健康、壮龄。缺点：干散，成多干小林型。如果选林格，左面缺根。作卧干造型，截后有两伤口（图3-163、图3-164）。

造型要点　常规的卧干飘枝造型。整体效果秀茂、潇洒、灵动、天趣（图3-165）。

设计要点　不等边三角形构图。布枝四歧，右重点枝在黄金位上。高位飘枝与横平干身相呼应。结顶左展，姿、韵一致。造型重右轻左，重心稳固。各枝争让合理。枝走方位：A正左，B左前，C右后，D右前，E前，F后（图3-166）。

图3-163　原桩正面照

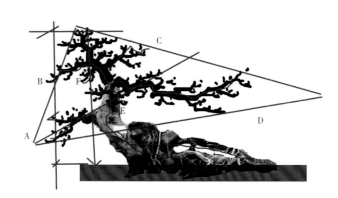

图3-166　设计分析

雀梅（桩主：听桐）

桩材分析 见图3-167、图3-168。

造型要点 较为中正的卧干式。整体效果秀美、厚实。枝形平展，有日本盆景造型风格的影子（图3-169、图3-170）。

设计要点 确定作品最佳观赏位置和观赏角度，进行定点修剪，从而解决主干原顶干粗度不足的缺点。注意各枝托的空间走位，和具体分布。枝走方位见图3-171的具体分析。

图3-167 原桩正面照

这桩属卧干桩，精华是横卧干和扭动的中干。缺点是少主干。原陪托充足，可利用率高。桩健康、扭动有空间变化

闭塞空间 截后作后托

这是最佳观赏面观赏位置，可起到取巧增粗主干作用

图33-168 截桩依据、具体分析

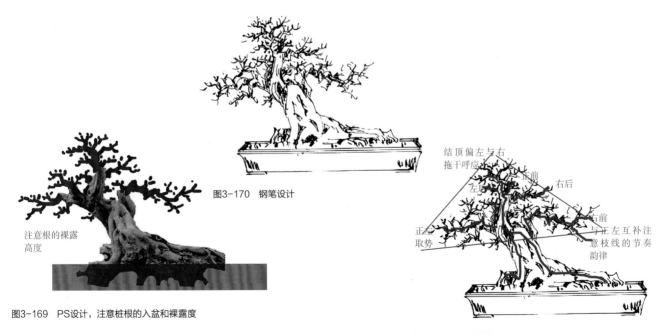

图3-170 钢笔设计

注意根的裸露高度

图3-169 PS设计，注意桩根的入盆和裸露度

结顶偏左与右拖干呼应
左后 正前 右后
左 右前
正左 与正左互补注取势 意枝线的节奏韵律

图3-171 设计分析

图3-172 原桩正面照

图3-173 造型设计,注意根干的入盆状态

罗汉松（桩主：一凡毛衣）

桩材分析 优点：干身穿裸曲度好。有充足的原托可利用。干身收尖顺畅。健康、壮龄。缺点：桩的左边缺原托（图3-172）。

造型要点 高头卧干飘枝造型。整体效果：气宇轩昂、疏简、灵动。横卧干段尽量高隆，突出桩的个性精华（图3-173）。

设计要点 不等边三角形构图。布枝四歧，左重点枝落点黄金分割位，2~3节枝下跌后再横平飘出，与横卧干段呈水平状，留出大片空间，加强视野的开阔、纵深感。配枝重左轻右，重心稳定，争让相宜。枝走方位见图3-174。

山橘（桩主：天高云淡）

桩材分析 优点：桩健康，具卧干形格。干身收尖顺畅，有两原托可利用。缺点：干身下部两枝托重叠，截一后有伤口（图3-175）。

造型要点 利用干身右高位原托作了拖枝造型。整体效果：高昂奋进、动感强烈（图3-176）。

设计要点 不等边三角形构图。布枝四歧，右重点枝落点黄金位，枝线翻卷扭动，空间变化大，下拖，将观赏者视觉注意集中到横卧干段的精华中。结顶左展，与右拖枝相呼应。枝走方位：A正前，B后，C正左，D右后，E右前（图3-177）。

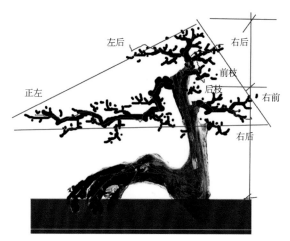

图3-174 设计分析

图3-175 原桩正面照和截桩分析

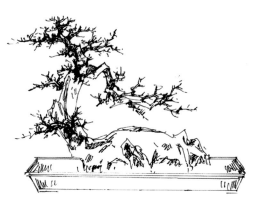

图3-176 造型设计

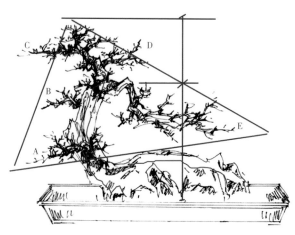

图3-177 设计分析

水影式　是以干身的形态来命名的造型形式

罗汉松（桩主：罗香）

（桩材分析）优点：干身大弯大曲，软角、硬角互换，节奏、韵律强劲。有原托可利用。收尖顺畅自然。缺点：家培实生苗桩，少自然野趣（图3-178、图3-179）。

（造型要点）龙腾四野，活力无限。结顶回顾。探技取势，悬绝、险绝（图3-180）。

（设计分析）不等边三角形构图。布枝四歧，左重点枝落点黄金位。干身第一弯位的顶托，采用横向右展的办法，化解脊枝的矛盾。干中点托补空。配高筒盆，左第一托探枝悬空，水影意味浓厚。枝走方位：A左前，B左后，C正右，D右前，E前，F后（图3-181）。

图3-178　原桩正面照

图3-179　截桩分析

图3-180　造型设计

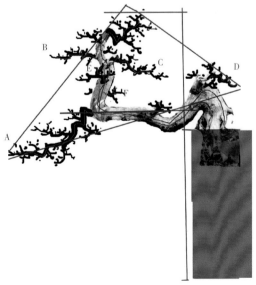

图3-181　设计分析

山橘（桩主：亚康）

桩材分析　优点：带弧峰秃顶的水影式造型。干身收尖好，有一原托可利用。相怪异。缺点：截桩后伤口较大（图3-182）。

造型要点　青龙出涧，探头探脑。灵动、生气、奇异（图3-183、图3-184）。

设计分析　多边形构图。布枝四歧，右重左轻。重点枝落点黄金位，枝线起伏、多变。配高筒盆，与树桩连成一体。枝走方位：A左后，B右后，C右前，D前，E后，F正左（图3-185）。

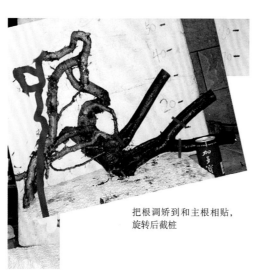

把根调矫到和主根相贴，旋转后截桩

图3-182　原桩正面照截桩示意

图3-183　PS设计，注意根入盆和干身悬挂位置

图3-184　钢笔设计

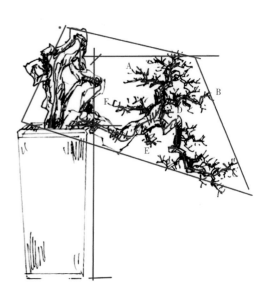

图3-185　设计分析

山橘（桩主：mcpa）

桩材分析 优点：干身曲度好，收尖顺畅。根盘爪立有力，有凸有凹。缺点：光身桩，没有原托可利用（图3-186、图3-187）。

方案1造型要点 常规水影式造型。临溪弄影，起舞蹁跹（图3-188）。

方案1设计分析 不等边三角形构图。

布枝四歧，右一重点枝落点黄金位，枝线飘逸、灵活。枝走方位：A正左，B左后，C右后，D右前，E前，F后（图3-189）。

方案2造型要点 曲斜干拖枝造型。取飞升、奔月之意（图3-190）。

方案2设计要点 不等边三角形构图。布枝四歧，右一重点枝作拖枝态，落点黄金位，与干身势韵统一，有押脚意趣。各枝争让合理。空灵、醒透。枝走方位：A正左，B左后，C右后，D右前，E前，F后（图3-191）。

图3-186　原桩正面照

图3-187　截桩分析

图3-188　造型方案1

图3-189　方案1设计分析

图3-190　造型方案2

图3-191　方案2设计分析

图3-192 原桩正面照

图3-193 造型设计

山橘（桩主：woodo30）

桩材分析 优点：干身曲度好，收尖顺畅。缺点：伤口大，没原托可利用（图3-192）。

造型要点 双干水影式探枝造型。"俯首甘为孺子牛"构思。亲切、挂念、关怀、顾盼（图3-193）。

设计要点 不等边三角形构图。布枝四歧，右一重点枝落点黄金位，飘枝取势。结顶回顾副干，协调统一。枝走方位：A正左，B右上，C左后，D右后，E右前，F后（图3-194）。

雀梅（桩主：花痴）

桩材分析 优点：桩健康，5干小林格。左干横飘为全桩亮点，如何利用这干是这桩造型关键。缺点：各干欠收尖，少原托（图3-195、图3-196）。

造型要点 主干正立，横干临水。在国画中这是一直一斜式构图。属带临水性质的小林格造型。直与横，刚者特刚，柔者特柔，充分展现了形式美中的对立统一效果（图3-197、图3-198）。

设计要点 分清主、客、陪。各干统一在一整体中。A干与F重点托是作品设计亮点，在造型中有举足轻重的作用。不等边三角形构图。各干布枝四歧，独立成景，又组合成一整体。枝走方位：A左前尾梢回顾E，B左斜后直上，C直上，D直上，E直上，F右前（图3-199）。

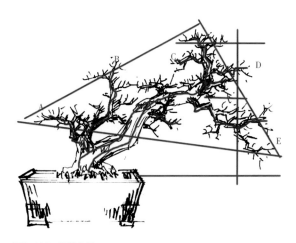

图3-194 设计分析

图3-195 原桩正面照

粗度一样，培育时间相同

图3-196 截桩分析

把桩旋转到这一位置，截桩，分清主、客、陪

图3-197 PS设计，注意桩的横斜 根的入盆度

图3-198 钢笔造型设计

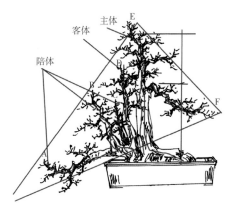

主体
客体
陪体

图3-199 设计分析

山橘（桩主：天地人）

桩材分析　优点：一般的林格桩，主、客、陪分干清楚。亮点在于最右两干的横斜态势。缺点：少原托可利用（图3-200、图3-201）。

造型要点　带临水意味的小林格造型。在国画构图中基本上属一直一横式（图3-202、图3-203）。

设计要点　分清主、客、陪，认真处理好三者之间的关系。左A、右B两枝是造型取势的重点。不等边三角形构图。各干布枝四歧，独立成景，尾梢回顾主干。枝走方位：A正左、B右前（图3-204）。

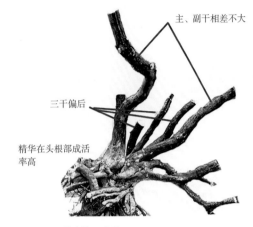

图3-200　原桩右旋45度照

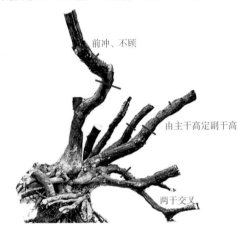

图3-201　截桩分析

图3-202　PS的设计，注意临水干入盆根的度

图3-203　钢笔造型设计

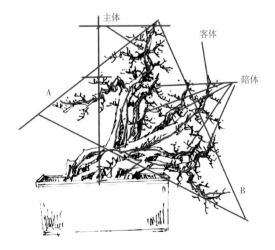

图3-204　设计分析

图3-205 原桩正面照

图3-206 造型设计

罗汉松（桩主：卓建成）

桩材分析 优点：桩健康，有曲度，收尖顺畅。根入盆状态好。缺点：少原托（图3-205）。

造型要点 这是典型的探枝水影格造型。整体效果：干身横飘，探枝弄影，结顶回顾。树相厚重，充满力感、量感（图3-206）。

设计要点 不等边三角形构图。布枝四歧，左重右轻争让得当。配大型斗方盆，增加量感，使整体效果达到视觉均衡。枝走方位：A左前，B左后，C正右，D前，E后（图3-207）。

图3-207 设计分析

古榕式

是以干身的形态来命名的造型形式。在盆景的造型中难度较大，但也最受人们喜爱

红牛（桩主：吴计炎）

桩材分析 优点：这是一由两组干连集一起的大型红牛桩。矮霸、连根、健康。有众多的原托可供选择。中小根多，成活率高。缺点：伤口较多、较大（图3-208）。

造型要点 分清主、客、陪，将三者的势韵统一在左流势中。以雄壮、伟岸、锐进、图强的精神作构思的主题，以兴旺发达、生机勃勃、一往无前为品相（图3-209至图3-211）。

设计要点 原桩主截法顶干主次不分，横展臂作托比例失调，故截弃重新培育。不等边三角形构图。布枝四歧，左一重点枝右一重点枝落点黄金位。客体、陪体顶枝左展与主干顶势相统一。树相丰满厚重，中留气眼，不闭塞、不拥挤。枝走方位：A正左，B左后，C右后，D正右，E右后，F右前，G后（图3-212）。

图3-208 桩主已截好桩的正面照

图3-209 依桩主截法画的造型设计

图3-210 我个人短截左臂后的PS造型设计

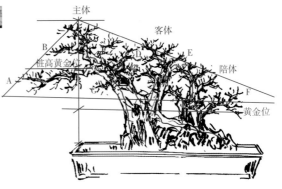

图3-211 钢笔画的造型设计

图3-212 设计分析

红牛（桩主：吴总）

桩材分析 优点：健康、矮霸、有坑棱稔凸。干身收尖好，原托可利用好，主副干分组清楚好。根平浅、四歧好。缺点：副干有一较大伤口（图3-213、图3-214）。

造型要点 雄壮劲健。有"大风起兮云飞扬，威加海内兮归故乡，安得猛士兮守四方"的气势。主题明确、构思清晰（图3-215）。

设计要点 多边形构图。布枝四歧，整体呈右流势，右争左让。右一重点枝落点黄金位，横平开展。结散枝半圆顶，团峦厚重。枝走方位：A正左，B左后，C正右，D右前，E前，F后（图3-216）。

图3-213 桩主已截好桩的正面照

考虑右重点枝的黄金位
顶还要短截

图3-214 重新截定

图3-215 造型设计，注意根的入盆和裸露度

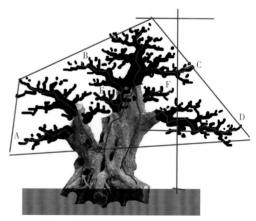

图3-216 设计分析

罗汉松（桩主：卓建成）

桩材分析　优点：这是一上好桩。健康，分枝矮，有原托可利用。根多为中根，成活率高。干身古朴苍劲，具典型的古榕格相。缺点：右一大托过粗，不合比例（图3-217、图3-218）。

造型要点　浑雄矮霸的村头、古渡口大榕形象。右一为全桩取势精华，横飘平展，带临水意趣。浓荫华盖，福荫万年（图3-219、图3-220）。

设计要点　不等边三角形构图。布枝四歧，右争左让。左一重点枝落点黄金位，均衡全桩。结散枝半圆顶、雄厚、茂实。配枝左高右低，空间对比强烈，视感好。枝走方位：A正左，B左后，C右后，D右前，E前，F后（图3-221）。

图3-217　原桩正面相

图3-218　截桩具体分析

图3-219　PS造型，根的入盆和右干离盆度

图3-220　钢笔造型设计

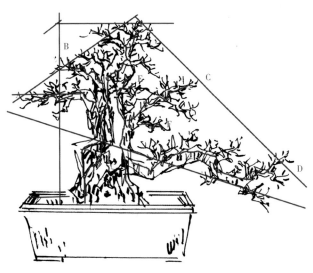

图3-221　设计分析

图3-222 原桩正面照

图3-223 原桩背面照

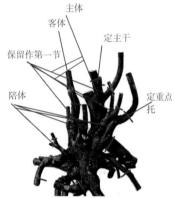

图3-224 截桩具体分析

图3-225 截后相

春花（桩主：明月照大桔）

桩材分析 优点：这是一上好桩。春花多见高耸桩形，这样矮、横分枝的桩少见。主副干分组清楚，有足够的原托可选择利用。主副干收尖顺畅、自然。缺点：有一高位大根要截弃才能突显主干肉身，需小心培育才能在截口发出新根，不致干身崩烂（图3-222至图3-225）。

造型要点 带临水枝意味的古榕格造型。雄厚、稳重、正气。整体树冠，集日本盆景造型之长。布枝右高左低，形式对比强烈（图3-226、图3-227）。

设计要点 多边形构图。布枝四歧，展右缩左，在稳重中求动感。左枝A、右枝E是造型中亮点，取势至尊。枝走方位：A正左，B左后，C正左，D右后，E右前，F前，G后（图3-228）。

图3-226 PS成型设计，注意根部入盆度

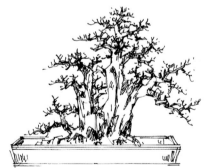

图3-227 钢笔造型设计

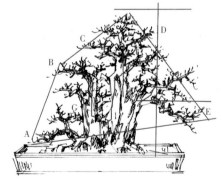

图3-228 设计分析

雀梅（桩主：幸福小屋）

桩材分析　优点：这是一上好雀梅桩。健康、壮硕、横展。有充足的原托可利用。主干收尖顺畅，有曲度。全桩没一伤口。缺点：现不见根，不知情况如何（图3-229、图3-230）。

造型要点　刚柔结合、雄壮劲健。主干端庄、副干柔媚，态势平和。和谐、统一为造型主题（图3-231）。

设计要点　不等边三角形构图。布枝四歧，势韵上耸，聚焦主干，精华集中，视觉统一。枝走方位：A正左，B左后，C正左，D右后，E右前，F前，G后（图3-232）。

朴树（桩主：赖锦来）

桩材分析　这是一培育多年的成品。依据形式美的审美法则，还有提升的空间。优点：截桩到位，布枝准确，年功显现，树相古朴、苍劲。缺点：没有把握形式美的造型标准，造型目的不明确，创作主题不明确（图3-233、图3-234）。

造型要点　在换盆改植的同时，从新取势立位。由右重点枝定主干高度，决定左右枝的横展幅度，分清各枝的主脉次脉，剪除杂乱无章的多余枝，让出中间气眼，不使空间闭塞。确定干身左右枝的取势方向，高低对比、轻重、争让（图3-235、图3-236）。

图3-229　原桩正面照

图3-230　截桩的具体分析

图3-231　造型设计

图3-232　设计分析

图3-233　原桩正面照

图3-234　存在问题的具体分析

左旋15度加大头根部分量　突出左倾势

图3-235　解决办法

图3-236　补充细枝后的成型效果

图3-237 原桩正面照

图3-238 原桩背面照

图3-239 选定主面和截桩示意

图3-240 造型设计

雀梅（桩主：男工银狐）

桩材分析 优点：大气、矮霸。分枝集中有选择余地。大根左拖与干势神韵统一。缺点：伤口多（图3-237至图3-239）。

造型要点 典型的古榕格造型。树相横展，秀茂天然，势韵上耸。雄、浑、厚、重，野趣天成（图3-240）。

设计要点 不等边三角形构图。布枝四歧，左右开张，右重左轻，争让得当。结散枝半圆顶，幅冠右展与右流势韵相统一。枝走方位：A正左，B左后，C右后，D正右，E前，F后（图3-241）。

山橘（桩主：友谊关系）

桩材分析 优点：这是一半成品桩，已截蓄多节，且截桩、布托合理。桩健康、古朴、大气，典型的古榕格。缺点：由于台湾和广东制作风格的不同，个别枝新桩主进行了短剪改动（图3-242至图3-244）。

造型要点 枝线依原截口生发，统一整体树姿。集雄、秀格局一体（图3-245）。

设计要点 不等边三角形构图。布枝四歧。整体效果：中正大方，秀茂天然。枝走方位：A正左，B左后，C正左，D右后，E右前，F前，G后（图3-246）。

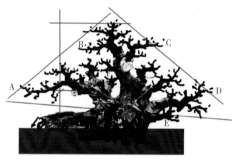
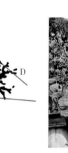

图3-241 设计分析

图3-242 山橘原相　　图3-243 桩主购后截桩相

图3-245 造型设计

这桩应认真体会下原桩主的造型思路、截桩的稳准、狠。蓄枝的耐心。每一节枝的选芽、即枝走方位、空间变化。现已很明显看出成型的整体大效果

图3-244 看下原桩主的截蓄功夫

图3-246 设计分析

山橘（桩主：友谊关系）

桩材分析　优点：一多干古榕格。各干收尖好、分布好、桩形好、根板好。健康、无大伤口。缺点：个别干截桩不到位，要重新截（图3-247、图3-248）。

造型要点　雄劲、秀茂为整体效果。

各枝统一在右流势中。相，稳定中求动感（图3-249）。

设计要点　依桩的取势立位和截口方位布枝生发。不等边三角形构图。布枝四歧。左一重点枝落点黄金位，起均衡全局作用。枝走方位：A正左，B左后，C右后，D正右，E右前，F前，G后（图3-250）。

图3-247　原桩正面照

图3-248　桩主购进后即截照

图3-249　造型设计

图3-250　设计分析

▶ 矮大树式

是以干身的高矮和形状来命名的造型形式，在岭南盆景中多为众人喜爱

图3-251 原桩正面照

图3-252 截桩分析

图3-253 方案1高桩造型

图3-254 方案1设计分析

图3-255 方案2矮大树格造型

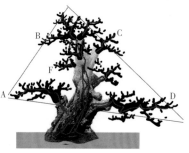

图3-256 方案2设计分析

榆树（桩主：流水长）

桩材分析 优点：桩健康。干收尖顺畅。有足够的原托可选择利用。造型方案可高可矮。缺点：干身下部两原托在正前方，顶心，截后有伤口（图3-251、图3-252）。

方案1造型要点 高耸格造型。此造型利用原托较少，但取势险，格调高，动感强。雄壮、高昂、伟岸、正气（图3-253）。

方案1设计要点 不等边三角形构图。布枝四歧，左右重点枝落点黄金位。飘枝取势。各枝横平左右开展。右争左让势韵统一。结散枝半圆顶，厚重、茂密。枝走方位：A正左，B左后，C右后，D右前，E前，F后（图3-254）。

方案2造型要点 利用原桩左第一托，短截顶干作矮大树格造型。树相中庸平稳（图3-255）。

方案2设计要点 不等边三角形构图，左右两底枝奠定三角形的稳定基础。结顶左展与干身成半月势，D枝横平。"弯弓射大雕"状。枝走方位：A正左，B左后，C右后，D正右，E前，F后（图3-256）。

朴树（桩主：429044212）

桩材分析 优点：常规桩。矮霸，有原托。根好。缺点：各截口较大，成型时间长（图3-257、图3-258）。

造型要点 常规的造型方案，秀茂、中正、稳重、端庄（图3-259）。

设计要点 等腰三角形构图，中正、稳定、大方。布枝四歧，左右重点枝落点黄金位。飘枝取势，枝线力求多变。结散枝半圆顶，团峦、厚重、大气。枝走方位见图3-260。

图3-257 原桩正面照

矮大树格造型，左旋10度使主干中正，两前根短截

图3-258 截桩分析

图3-259 造型设计

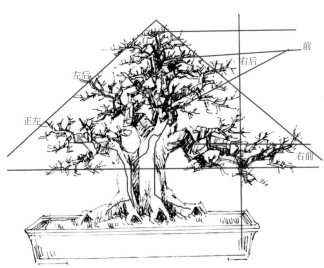

图3-260 设计分析

雀梅（桩主：被遗忘的记忆）

桩材分析 优点：桩健康，有一大段肉身，有主干，有足够的原托可利用。左拖根与桩势韵一致。根平浅、四歧。缺点：个别托稍大（图3-261、图3-262）。

造型要点 矮霸力士造型。裸筋露骨、壮硕威猛。铁塔般的硬汉形象（图3-263）。

设计要点 不等边三角形构图。布枝四歧，右一重点枝落点黄金位。结散枝半圆顶，厚重、浓密。重右轻左，整体成右流势，左拖根锚定，大有不惧千重浪的效果。枝走方位：A正左，B左后，C右后，D右前，E前，F后（图3-264）。

图3-261 原桩正面照

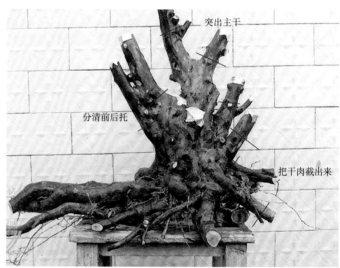

图3-262 截桩具体分析

图3-263 造型设计，注意根的入盆深度

图3-264 设计分析

雀梅（桩主：知足）

桩材分析 优点：桩身斜立与拖根取势神韵统一。壮龄、健康。有足够的原托可利用。相矮、有动感。缺点：截后伤口较多（图3-265、图3-266）。

方案1造型要点 高位拖枝取势。树相动感强烈。豪迈、奔放、激烈（图3-267）。

方案1设计要点 不等边三角形构图。布枝四歧，左一重点枝落点黄金位，拖枝取势。结顶右展与横卧拖根相呼应。枝走方位：A左前，B左后，C右后，D右前，E前，F后（图3-268）。

方案2造型要点 利用了原桩左二托，树相较雄厚。取临水枝造型，顾影生辉（图3-269）。

方案2设计要点 不等边三角形构图。布枝四歧，右一重点枝落点黄金位，枝线下探有临水意味。枝走方位：A正左，B左后，C右后，D右前，E前，F后（图3-270）。

图3-265 原桩正面照

由重点托高定主干高
留为重点枝底基
突出干身精华
选这面作主面原因是干身基部团结，中间有一段干肉，托位基本合理，利用率高
保留为第一节
遮干

图3-266 截桩的具体分析

图3-267 造型方案1

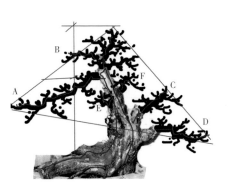

图3-268 方案1的设计分析

矮大树水影枝造型

图3-269 造型方案2

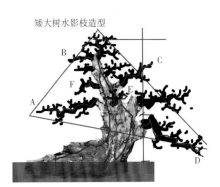

矮大树水影枝造型

图3-270 方案2的设计分析

雀梅（桩主：伯虎后裔）

桩材分析　优点：桩健康，大型。干集结。缺点：主干不明显。根，人字，左右开，且截口大（图3-271、图3-272）。

造型要点　多干矮大树型。干分两组，各组又分主副干，各主干独成景，副干作为横托处理。两组最后统一为一整体（图3-273）。

设计要点　多边形构图。布枝四歧，左右第一托重点枝均落点黄金位。树相左右开张而又紧密团结一起。枝走方位见图3-274。

图3-271　原桩背面照

大树格截桩，分清主次

图3-272　正面截桩效果

图3-273　造型设计

图3-274　设计分析

朴树（桩主：冯修伟）

桩材分析　优点：大型桩。定托准确，培托到粗。根部靴霸穹露，个性张扬。缺点：前后少原托（图3-275、图3-276）。

造型要点　矮、霸、劲、健。一托定乾坤。树相动感强烈，个性张扬（图3-277）。

设计要点　不等边三角形构图。布枝四歧，重点枝落点黄金位，力求枝线"四美"。结顶偏右和左三托枝走势相逆，均衡整体。枝走方位：A左前，B左后，C正左，D右后，E右前，F前，G后（图3-278）。

图3-275　原桩正面照

图3-276　桩材主面分析

图3-277　造型设计

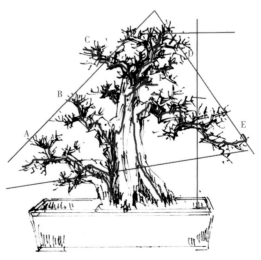

图3-278　设计分析

红牛（桩主：吴计炎）

桩材分析 优点：桩健康，中型，根多，有原托可利用，精华在头、根部。缺点：根与干势不是很协调（图3-279、图3-280）。

造型要点 斜干矮大树式造型。充分利用右第一原托作重点枝培育，枝线翻卷扭动，节奏、韵律强劲。整体效果秀茂自然，带有前进中的动感（图3-281、图3-282）。

设计要点 不等边三角形构图。布枝四歧，右重点枝落点黄金位，取势右拖。结半圆顶。配半高马槽盆。枝走方位：A正左，B左后，C右后，D右前，E前，F后（图3-283）。

图3-279 原桩正面照

把桩旋转到这一位置重新截根、干

图3-280 重新立位截桩分析

图3-281 PS造型设计，注意根的入盆度

图3-282 钢笔造型设计

图3-283 设计分析

红牛（桩主：老项）

桩材分析　优点：矮霸劲健。干身有坑稔棱凸。古朴苍劲。缺点：原截口较大。没有原托可利用（图3-284）。

造型要点　带双干意味的矮大树格造型。主副干各自独立成景而又统一在一起。树相雄浑、秀茂，犹如连体兄弟，怪趣天成（图3-285、图3-286）。

设计要点　多边形构图。布枝四歧，左右重点枝落点黄金位。枝形左右开展，各自精彩。结顶相互顾盼，势韵统一。枝走方位：A正左，B左前，C右后，D右前，E前，F后（图3-287）。

图3-284　原桩正面照

图3-285　PS造型设计，注意根头部裸露高度

图3-286　钢笔造型设计

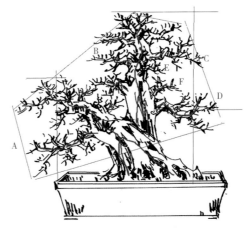

这是矮大树格造型多边形构图

图3-287　设计分析

雀梅（桩主：醉舞）

桩材分析　优点：半成品桩，截桩合理，定托准确，剪蓄的枝节长短合度。有提升空间。缺点：枝走方位不是最好（图3-288、图3-289）。

造型要点　常规的，最一般化的矮大树造型。取潇洒、飘逸为造型方向（图3-290）。

设计要点　不等边三角形构图。右一托落点黄金位。左一托，高位飘枝，势横展。留空布白突出，视野开阔。枝走方位：A正左，B左后，C右后，D右前，E前，F后（图3-291）。

图3-288　原桩正面照

图3-289　重截分析

图3-290　造型设计

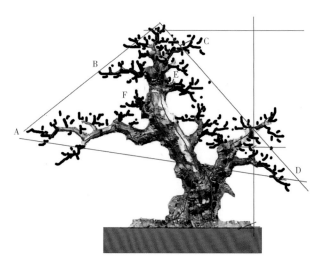

图3-291　设计分析

双干大树式

是以干的数量和树的形态特征来命名的造型形式

榆树（桩主：聚贤圆）

桩材分析　优点：这是半成品桩。截桩到位，定托准确，有年功。主副干收尖顺畅。桩相古朴。有提升空间。缺点：造型型格不准，双干？三干？个别枝走方位不理想（图3-292、图3-293）。

造型要点　典型的双干式造型。双宿双飞。主副干布枝、造型基本相同，二者势韵统一。各自独立但又团结为一整体（图3-294）。

设计要点　等边三角形构图。布枝四歧，右重点枝落点黄金位。主副干各自独成树相，左争右让、右争左让，相映成趣。枝走方位见图3-295。

图3-292　原桩正面照

图3-293　存在问题分析

图3-294　造型设计

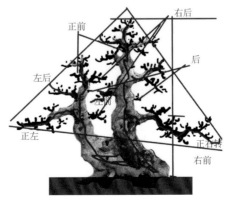

图3-295　设计分析

九里香（桩主：阿华）

桩材分析 优点：典型的双干大树形格。桩健康，一正一斜，各有一底托可利用。水线高隆，古朴劲健。缺点：主干收尖不顺，两干上部少可利用的原托（图3-296、图3-297）。

造型要点 主副干各自独立成景又互相依存维系一体。布枝左右开张但又整体统一。"执子之手，百年偕老"（图3-298）。

设计要点 多边形构图。布枝四歧，左右重点枝落点黄金位。干势同气同韵，结顶相互顾盼。枝走方位：A正左，B左后，C右后，D右前，E前，F后（图3-299）。

图3-296 原桩正面照

图3-297 桩主截后照

图3-298 造型设计

培大枝粗，分清主次

图3-299 设计分析

九里香（桩主：孤帆远影）

桩材分析 优点：桩健康。主副干收尖顺畅。各有一原托可利用。缺点：主副干开张度大。露面的根成一字，过长，没截到位。主干截后有一较大伤口（图3-300）。

造型要点 主副干结顶互相靠拢，神韵统一，在中国画中这属一直一斜式构图。动静结合，刚柔并进（图3-301、图3-302）。

设计要点 多边形构图。布枝四歧，左右重点枝落点黄金位，左探右拖奠定造型基调。结顶互相顾盼。枝走方位见图3-303。

图3-300 原桩正面照和截桩分析

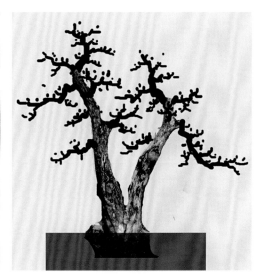

图3-301 PS设计，注意根的裸露高度

图3-302 钢笔造型设计

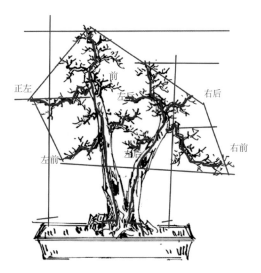

图3-303 设计分析

老鸦柿（桩主：hnxingfang)

桩材分析 优点：桩健康大气，主副干结成一体。根四歧。左一原托可利用。缺点：截后伤口较多（图3-304、图3-305）。

造型要点 典型的结体双干式造型。

主副干各自精彩但又统一在整体的大势中。树相雄厚、秀茂。"兄弟同心，其利断金"（图3-306）。

设计要点 多边形构图，布枝四歧，左一重点枝落点黄金位。结顶顾盼。枝走方位见图3-307。

图3-304 原桩正面照

图3-305 截后桩相

图3-306 造型设计

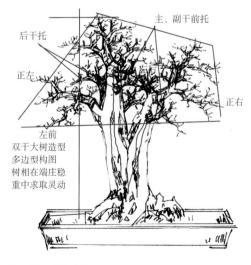

图3-307 设计分析

山橘（桩主：天涯）

桩材分析 优点：这是半成品桩。截桩到位，定托基本准确。干收尖顺畅。缺点：蓄枝主脉次脉不分。同点出枝，杂乱。成型高度、左右展幅心中无数。造型目的不明确。前根没处理好（图3-308、图3-309）。

造型要点 典型的双干大树造型。夫妻、兄弟之意。定左右第一托为主副干重点托，由这托高定作品成型高，定左右展幅（图3-310）。

设计要点 不等边三角形构图。布枝四歧。左右重点枝落点黄金位。两干同向生发，枝形左右开张，结顶呼应，整体协调统一。枝走方位：A正左，B左后，C右后，D右前，E前，F后（图3-311）。

图3-308 原桩正面照

图3-309 重新剪定

图3-310 成型设计

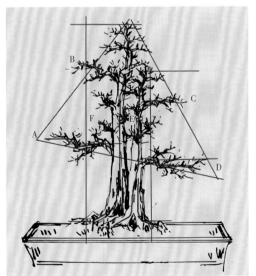

图3-311 设计分析

香兰（桩主：奇花异草）

桩材分析　优点：桩健康，老劲。干身收尖顺畅。根头部靴霸好。缺点：光身桩，没有原托可利用（图3-312）。

造型要点　同头连根的双干大树造型。在造型设计上可看作单干大树处理（区分在于作干还是作托）。主副干独自成景而又统一在一整体（图3-313、图3-314）。

设计要点　不等边三角形构图。布枝四歧，左一、右一重点枝落点黄金位，飘枝取势。两干结顶互相顾盼。枝走方位见图3-315。

图3-312　原桩正面照

图3-313　PS设计，注意根部在盆中的裸露度

图3-314　钢笔造型设计

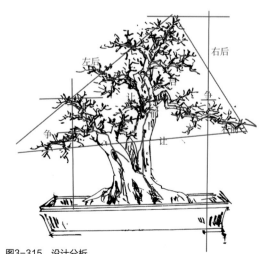

图3-315　设计分析

雀梅（桩主：树头仔）

桩材分析 优点：这是一上好的桩。健康、水线隆现。有足够的原托可利用。缺点：副干上部臃肿，收尖不顺畅（图3-316至图3-318）。

造型要点 一高一矮双干大树造型。

主副干独成树相。副干依附于主干。整体协调统一（图3-319）。

设计要点 不等边三角形构图。左一重点枝落点黄金位，飘枝取势。副干紧邻主干、相依相随。枝走方位：A左前，B左后，C右后，D右前，E前，F后（图3-320）。

图3-316　原桩正面照

图3-317　原桩背面照

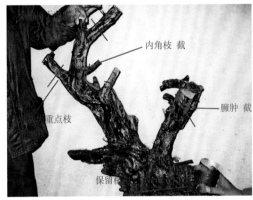

图3-318　截桩具体分析

图3-319　造型设计

图3-320　设计分析

九里香（桩主：17270758248）

桩材分析 优点：半成品桩，截桩到位，定托准确。桩健康，有板根。干身收尖顺畅，有坑棱稔凸。缺点：造型目的不明确，没有把握作品成型的高度和展幅，致使副干夺主。个别托枝走方位不理想（图3-321、图3-322）。

造型要点 典型的带木棉格的双直干大树造型。英雄、高耸、正气、轩昂。分清主副，各司其职。整体调和统一（图3-323）。

设计要点 不等边三角形构图。布枝四歧，左右重点枝落点黄金位，飘枝取势，左右开展。重点调节原枝走动方位、增加前后枝，使作品更上镜。枝走方位：A正左，B左后，C右后，D右前，E前，F后（图3-325）。

图3-321 原桩正面照

图3-322 截桩示意

图3-323 PS造型设计，注意根的入盆度

图3-324 钢笔设计

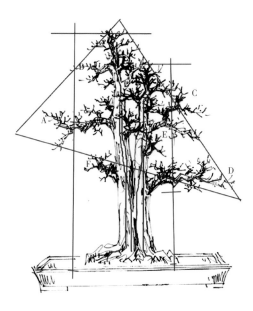

图3-325 设计分析

雀梅（桩主：海雀）

桩材分析 优点：半成品桩，截桩到位，定托较准确。剪蓄的枝节合度。缺点：造型目的不明确，双干左右对开，取势不合理。个别枝走方位不好（图3-326、图3-327）。

造型要点 双斜干式大树造型。造型重点是使主副干协调统一，不要貌合神离（图3-328）。

设计要点 等边三角形构图。布枝四歧，左右重点枝落点黄金位，飘枝取势。副干结顶相随主干，整体势韵统一。枝走方位：A左前，B左后，C右后，D右后，E右前，F后（图3-329）。

图3-236 原桩正面照

图3-237 截桩示意

图3-238 造型设计，注意桩的立位根的入盆度

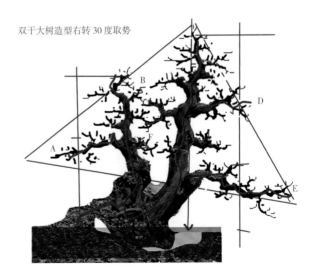

图3-239 设计分析

三干大树式

是以干的数量和树的形态来命名的造型形式

红牛（桩主：卓建成）

桩材分析　优点：这是一大型桩。桩健康，根板劲健。缺点：主次不分，形格不明确，没有原托可利用（图3-330、图3-331）。

造型要点　带仔式三干大树造型。主干高大明显，客体干依附在主干身上，陪体干随后，分组明显。春游？赶路？任君遐想（图3-332）。

设计要点　不等边三角形构图。右一重点枝落点黄金位，高位飘枝取势，动感强烈。布枝四歧。主干右侧和整体造型中间留有大片空白，视觉开阔，纵深感强。枝走方位：A正左，B正左，C左后，D右后，E右前，F前，G后（图3-333）。

图3-330　原桩正面照

图3-331　拟作三干大树形格的截桩相

图3-332　造型设计

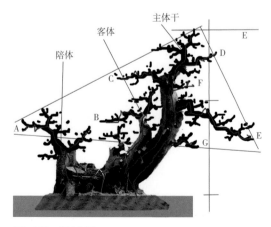

图3-333　设计分析

九里香（桩主：阿华）

桩材分析：这是很一般的桩，没有亮点。属下等桩（图3-334、图3-335）。

造型要点　主干作双干结顶的三干大树造型。在造型上当作单干处理。主干高耸，在高位搭配飘枝取势，均衡整体重心。由于桩形一般，故在重点枝的造型上要下苦功，枝线力求达到"四美"的标准，"一好遮百丑"（图3-336）。

设计分析　等边三角形构图，稳定中求动感求突破。双枝结顶，左一重点枝落点黄金位。木棉树型格。结大圆顶，相厚重。枝走方位：A正左，B左后，C正右，D右后，E右前，F前，G后（图3-337）。

.20米

图3-334　原桩正面照

桩高1.30米

干上部重叠……

这桩的特色是主干……原托足、三干分干……根板好

图3-335　正中立位后的截桩分析

图3-336　造型设计

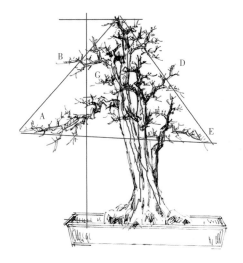

图3-337　设计分析

雀梅（桩主：群策群力）

桩材分析 优点：桩形高耸，大气，有少量原托可利用。主干收尖顺畅。根板左拖好，得势。缺点：干身中下部少原托。陪体干收尖不顺畅（图3-338、图3-339）。

造型要点 带自然树相的三干大树造型。各干自成树相，主体、客体、陪体三者各领风骚（图3-340、图3-341）。

设计要点 梯形构图。自然树相。布枝四歧依干势生发，整体势韵向主干集结。枝走方位：A左前，B正左，C左后，D正右，E右前，F前，G后（图3-342）。

图3-338 原桩正面照

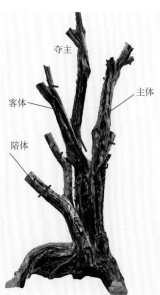

图3-339 截桩分析

图3-340 PS造型设计，注意根在盆中的度

图3-341 钢笔造型设计

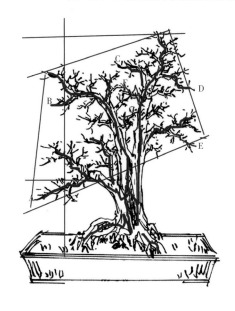

图3-342 设计分析

枸子（桩主：石兰）

桩材分析 优点：桩健康，各干收尖顺畅。根平浅。缺点：没有原托可利用，截后伤口大（图3-343）。

造型要点 同头连体三干大树造型。

"吉祥三宝""如意三宝"的构思，随意喜好。树相潇洒、活泼、灵动（图3-344、图3-345）。

设计要点 不等边三角形构图。布枝四歧，左一重点枝落点黄金分割位，飘枝取势。三干各结尖顶，各自独立成相，最后又统一在整体造型中。枝走方位：A正左，B左后，C右后，D右前，E前，F后（图3-346）。

图3-343 原桩正面的截桩示意

图3-344 PS造型设计，注意根在盆中的度

图3-345 钢笔造型设计

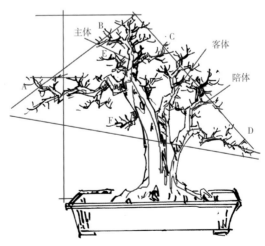

图3-346 设计分析

图3-347　原桩正面照

野山楂（桩主：天地人）

桩材分析　优点：桩健康，各干收尖顺畅，有少量原托可利用。树形高耸峻峭。缺点：主体干和客体干重叠一起。不见根相（图3-347）。

造型要点　把三干看作一整体进行造型。高耸、正气、气冲霄汉（图3-348）。

设计要点　不等边三角形构图。左右重点枝落点黄金分割位，飘枝取势。结散枝半圆顶，树相雄壮、伟岸。枝走立位：A正左，B左后，C右后，D右前，E前，F后（图3-349）。

图3-348　造型设计

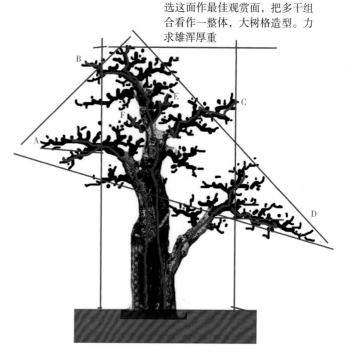

选这面作最佳观赏面，把多干组合看作一整体，大树格造型。力求雄浑厚重

图3-349　设计分析

双干式

是以干身的数量来命名的造型形式。一般指一大一小，在形式美中对比元素较突出

雀梅（桩主：1058672116）

桩材分析 优点：桩健康、大气，有充足的原托可利用。缺点：干身上下两段等长，个别原托过粗。根板欠劲健（图3-350、图3-351）。

造型要点 典型的公孙格双干式。"天伦乐""公孙乐"的构思。副干紧邻主干，在主干的保护中。主干势呈斜向"S"形，搭配高位拖枝，暗合斜干拖枝形格。副干刚好在主干腋下的保护范围，状态温馨、亲切、感人（图3-352）。

设计要点 不等边三角形构图，动感强烈。布枝四歧，左右重点枝落点黄金分割位。高位拖枝下探与副干、主干势韵统

一。枝走方位：A正左，B左后，C右后，D右前，E前，F后（图3-353）。

图3-350　原桩正面照

定顶干

定为重点托底基

根板欠少劲健

图3-351　截桩的具体分析

图3-352　造型设计

图3-353　设计分析

九里香（桩主：Feng）

桩材分析　这样的桩很一般。虽培育多年却没有确定造型方案，走了弯路，白白浪费了时间。存在的问题，见图片上的具体分析（图3-354、图3-355、图3-356）。

造型要点　双干飘枝式造型。分清主体、客体，干身斜立取势。双干成反弧向，同气同韵。飘枝外展，势与顶相逆。造型犹如滑冰场上的双人舞。轻盈、洒脱、无畏（图3-357）。

设计要点　不等边三角形构图。两干看作一整体。布枝四歧，左一重点枝落点黄金位，利用原托培育成飘枝，相外展取势，动感强烈。整体重心稳固。形式美感强。枝走方位：A左前，B左后，C右后，D右前，E前，F后（图3-358）。

图3-354　原桩正面照

取势锥立
枝没四歧

这桩现时的问题：
1. 造型型格不当（三干大树形成三叉相）
2. 取势不当
3. 配枝不当
4. 枝的空间走位不当
5. 配盆不当

图3-355　现桩存在问题的具体分析

双干造型
左转30度取斜干势
飘枝造型
右拖根平衡

图3-356　拟作双干造型的截桩分析

图3-357　截桩后的造型设计

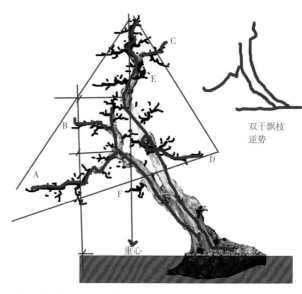

双干飘枝
逆势

重心

图3-358　设计的具体分析

九里香（桩主：爱桩）

桩材分析　优点：主副干收尖顺畅，有曲度，有一原托。根四歧。缺点：少原托伴嫁（图3-359、图3-360）。

造型要点　常规的一般化的公孙格双干式造型。主副干各自独立成景而又统一在同一大势中（图3-361）。

设计要点　不等边三角形构图。布枝四歧，左右重点枝落点黄金位，飘枝取势。树相清疏、雅洁。树走方位：A正左，B左后，C右后，D左前，E右前，F后（图3-362）。

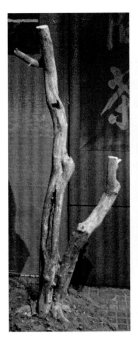 

图3-359　原桩正面照　　　图3-360　原桩背面照

图3-361　造型设计

这是典型的双干造型、结尖顶、主副呼应。重点枝落点黄金位左右前抱、亲近感人。

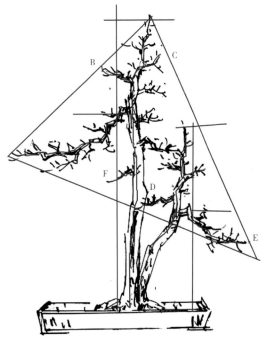

图3-362　设计分析

山橘（桩主：卓建成）

桩材分析 优点：这是一有个性、有特色的桩。主副干有曲度，收尖好。健康，无伤口。根好。缺点：主副干对开，不协调"对错门神"（图3-363至图3-365）。

造型要点 把主副干统一起来。主副干呈一直一横相，斜立后犹如高速前进的滑板风帆。以"顺风顺水"为主题进行构思（图3-366）。

设计要点 主干高位培育双拖枝与副干相呼应，锐进风帆状（图3-367）。枝走方位：A右前，B正右，C右后（图3-368）。

这面作主面，横干曲段后走，屁股面前

作悬崖头部根部都不理想

图3-363 桩的选面分析1

这面作主面：主干曲度最好相对其他面，横干利用率不大

图3-364 桩的选面分析2

这面作主面，基本上显现全桩精华，主干右倾30度可成一直一横造型

图3-365 桩的选面分析3

这面作主面，桩材利用率最高，主、副干、头根部都能突出桩的个性美

图3-366 选定主观赏面后的截桩分析

图3-367 造型设计

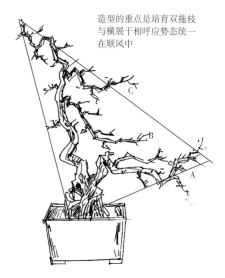

造型的重点是培育双拖枝与横展干相呼应势态统一在顺风中

图3-368 设计分析

山橘（桩主：人生如梦）

桩材分析 优点：主干收尖顺畅，唯一原托可利用为重点枝的第一节。根左拖与干身势韵统一。缺点：主副干都少原托（图3-369）。

造型要点 典型的双干公孙式飘枝造型。副干在左，飘枝在右，引领前进（图3-370）。

设计要点 不等边三角构图，稳定中求动感。布枝四歧，左右重点枝落点黄金位，左右开张奠定造型的稳定基础。树相中正、稳重（图3-371）。枝走方位：A正左，B左后，C右后，D右前，E前，F后（图3-372）。

把树桩旋转到这一位置，保持主干中正

图3-369 选定的主观赏面

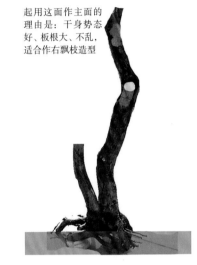

起用这面作主面的理由是：干身势态好、板根大、不乱，适合作右飘枝造型

图3-370 截定后桩相

图3-371 造型设计

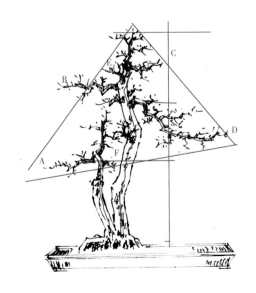

图3-372 设计分析

山橘（桩主：花痴）

桩材分析 优点：桩有一定的特色，下直上曲，高耸，有原托可利用。缺点：主干上下粗细相同，收尖过渡不好（图3-373）。

造型要点 公孙格双干式造型。重左轻右，搭配高位跌枝，势态奇险。配长方形浅盆，桩植盆右黄金位，盆左放一仰视儒生将观赏者的视觉注意引向重点枝。整体协调统一（图3-374）。

设计要点 充分利用了原桩的原有枝托，成型快。不等边三角形构图，右一重点枝落点黄金位。整体造型气势上耸。枝走方位：A正左，B左后，C右后，D右前，E前，F后（图3-375）。

图3-373 选定的主观赏面

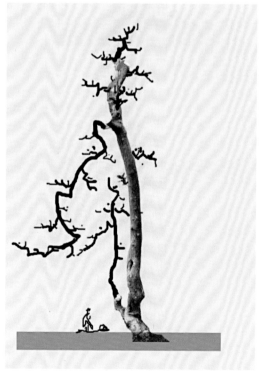

图3-374 造型设计

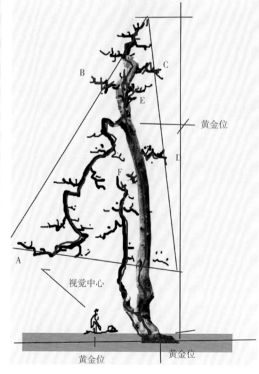

图3-375 造型设计分析

三干、五干小林式　是以干的数量和形态来命名的造型形式

山橘（桩主：1275959779）

桩材分析　优点：桩健康，林格。有多干可选择。缺点：杂乱，利用率不高（图3-376、图3-377）。

造型要点　五干小林格造型。利用画论中的承破关系、形式美中的和谐、统一元素选干。定主体、客体、陪体。各干独自成景而又统一在一整体中。以"五代同堂"为主题进行构思（图3-378）。

设计要点　不等边三角形构图。布枝四歧，左右重点枝落点黄金位，取势外展。

各干结尖顶，气韵上耸，相互顾盼统一。注意各干空间留空布白的大小，不闭塞、不拥挤（图3-379）。枝走方位：A正左，B左后，C左后，D右后，E前，F后（图3-380）。

图3-376　原桩正面照

图3-377　截桩具体分析

图3-378　PS造型设计，注意根在盆中的度

图3-379　钢笔造型设计

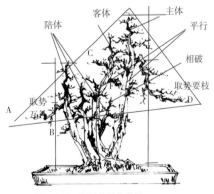

图3-380　设计的具体分析

山橘（桩主：蔡浩）

桩材分析 优点：桩是半成品桩，健康，已培育有第一节。三干小林格。树相两直一斜，态势好。干身筋骨裸露，肌肉感强。缺点：主干归边（图3-381、图3-382）。

造型要点 主副干上耸，势冲天。故高位搭配半飘半跌枝为好。以"三人行必有我师"作主题进行构思。主干中正刚直，两副干依附主干势韵而上，整体协调统一。

设计要点 不等边三角形构图。布枝四歧，右一重点枝落点黄金位，半飘跌枝取势（图3-383）。

主干结散枝半圆顶，相雄，两副干结尖顶，主次明显。枝走方位：A正左，B左后，C左后，D右后，E右前，F前，G后（图3-384）。

图3-381 原桩正面照

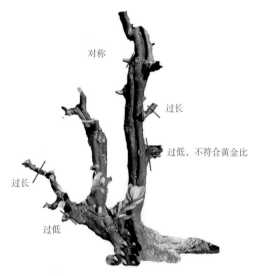

图3-382 截桩的具体分析

图3-383 造型设计

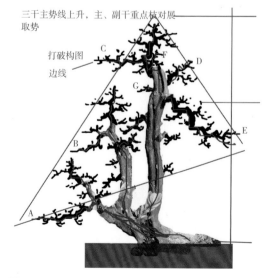

图3-384 设计分析

山橘（桩主：随风小子）

桩材分析 优点：桩健康、大气。有筋有骨。缺点：主副干上下粗细相同，收尖不顺畅。没有原托可利用（图3-385）。

造型要点 三干上耸，同气连枝。以"一家子"为主题进行构思。主副干相偎相依，其乐融融。

设计要点 不等边三角形构图。布枝四歧。各干重点枝落点黄金分割位，飘枝取势。整体树相团结一致，不分不离（图3-386）。枝走方位：A左前，B左后，C右后，D正右，E右前，F前（图3-387）。

图3-385 原桩正面照

图3-386 造型设计

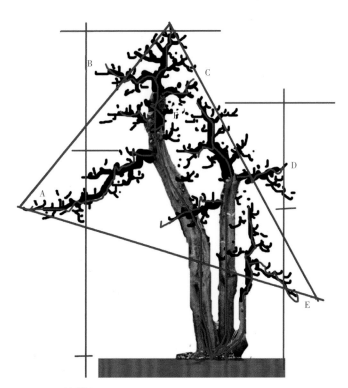

图3-387 设计分析

糖梨（桩主：一见倾心）

桩材分析 优点：五干林格。桩分两组。干身有曲度有收尖，个性特出。缺点：根前冲顶心。少原托（图3-388）。

造型要点 带自然树相的林格造型。分两组处理。一组高耸把握全局。二组依附于一组。造型上整体协调统一（图3-389）。

设计要点 不等边三角形构图。布枝四歧，各组的重点枝落点黄金分割位。各干结顶相互顾盼（图3-390）。枝走方位：A正左，B左后上，C右前，D右前，E前，F后（图3-391）。

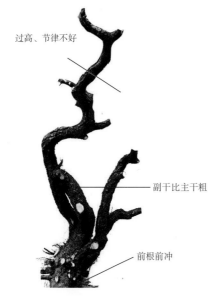

过高、节律不好

副干比主干粗

前根前冲

图3-388 原桩正面照的截桩分析

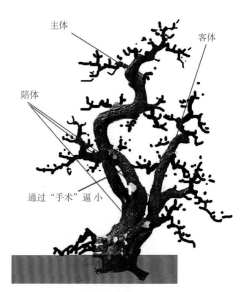

主体

客体

陪体

通过"手术"逼小

图3-389 PS造型设计，注意根干入盆的度

图3-390 钢笔造型设计

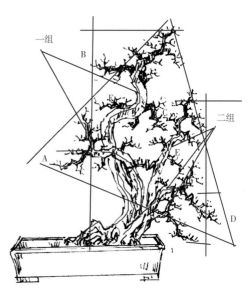

一组

B

二组

A

C

E

D

图3-391 设计分析

五针松（桩主：王鲸鸥）

桩材分析　优点：三干小林格。健康，可塑性强。各干收尖顺畅，有原托可利用。缺点：重点枝要进行手术调矫（图3-392）。

造型要点　松树不可能像杂木类一样进行严格的枝节截蓄。可用剪扎结合的办法。主干左重点枝经手术调矫为半飘跌枝状。客体干重点枝调矫为飘枝状。陪体干调矫到右前。以"一家子"为主题进行构思（图3-393）。

设计要点　不等边三角形构图。布枝四歧，左右重点枝落点黄金位。三干相互顾盼（图3-394）。枝走方位：A左前，B右后，C左后，D正右，E右前，F后（图3-395）。

图3-392　原桩正面照

图3-393　选枝、截桩分析

图3-394　造型设计

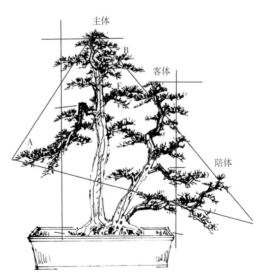

图3-395　设计分析

多干林式

是以干的数量和树的形态来命名的造型形式

朴树（桩主：07613314380）

桩材分析 优点：带过桥的连根林，同本同头，有主有次，分组清楚，根平浅，属上好的林格桩。缺点：左组干有夺主之嫌（图3-396）。

造型要点 雄伟的长白山林海杉木林，高耸云天，高低错落，一望无边。雄奇、壮丽尽显自然本色（图3-397）。

设计要点 分组、定主体、客体、陪体。主体居中，统领一切。客体、陪体，取势、布枝、神韵从属于主体，虽各有精彩，但最后三者统一成整体，团结就是力量（图3-398）。

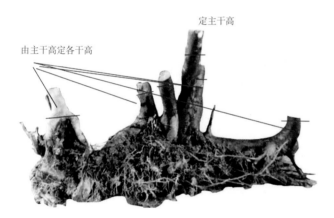

图3-396 原桩正面照

图3-397 PS造型设计，注意配盆中根的裸露度

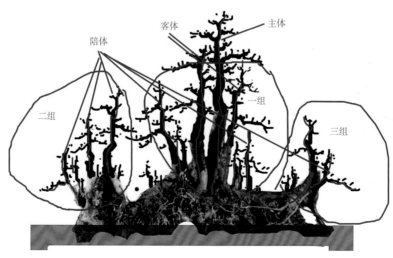

图3-398 设计分析

水杨梅（桩主：fengwingch）

桩材分析　优点：带横展式的过桥连根林。众多干可供选择。有主有次。健康、成活率高。缺点：杂乱，让人有无从下手之感（图3-399）。

造型要点　分组，定主、客、陪。确定为杉木林雪压枝式造型风格。树相高耸、主干归边，有定向风吹袭过的感觉。茫茫林海，开我胸襟、壮我胆魄。豪气千重浪，一浪高一浪（图3-400）。

设计要点　不等边三角形构图，整体取势右倾。各干独立成景而又相互相依，枝形斜垂成雪压状，整体势韵协调统一（图3-401、图3-402）。

图3-399　原桩正面照

图3-400　截桩分析

图3-401　造型设计　注意头根部在盆中的度

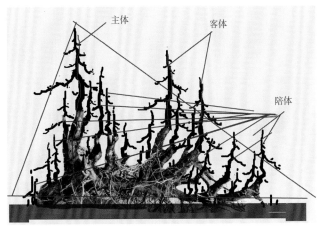

图3-402　设计分析

山石榴（桩主：卓建成）

桩材分析 优点：带大树格的连根林桩。桩的精华在右丛干。主、客、陪明显，分组清楚。桩健康，无大伤口。缺点：少可利用的原托。主干收尖不顺畅（图3-403、图3-404）。

造型要点 分组，定主、客、陪。杂木林格造型。荒野大林，野趣天成，一主一副，秀外慧中。以"两地情""同根同源"之意进行构思（图3-405）。

设计要点 不等边三角形构图。布枝四歧，左右重点枝落点黄金位。右组树相雄浑伟岸，坚强的后盾状。左组单一，清丽可人。整体连结，气韵统一（图3-406）。

图3-403 原桩正面照

图3-404 桩的背面照

图3-405 造型设计

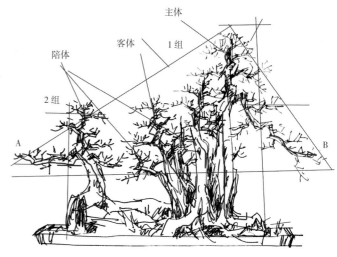

图3-406 设计分析

金弹子（桩主：一凡毛衣）

桩材分析　优点：带过桥式的连根林。桩健康，主、客、陪明显。缺点：少原托可利用。主干右斜（图3-407至图3-409）。

造型要点　分组，定主、客、陪。常规杂木林造型。中间独干起到将左右两组干相连一起的作用（图3-410）。

设计要点　整体成不等边三角形构图。各干独立成景又相互依靠。整体神韵统一。枝走方位：A左前，B左后，C右后，D右前（图3-411）。

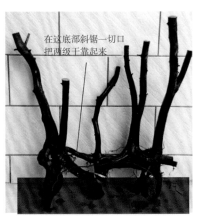

在这底部斜锯一切口把两级干靠起来

这面作主面不见了横段厚根，但根成新月形符合视觉欣赏。桩相丛林格，但主干不明显两大干靠边，左右对开，解决办法是手术调适

图3-407　截桩分析1

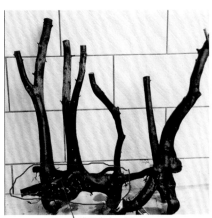

横段肉大、厚

这面作主面可见一横根段肉大厚实

图3-408　截桩分析2

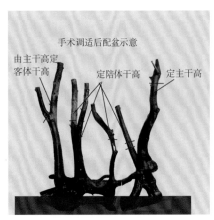

手术调适后配盆示意

由主干高定客体干高　定陪体干高　定主干高

图3-409　截桩分析

图3-410　造型设计

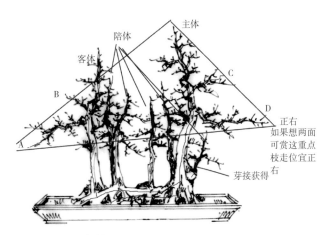

主体

陪体

客体

A　B　C　D

正右如果想两面可赏这重点枝走位宜正右

芽接获得

图3-411　设计分析

图3-412 桩主选定的观赏面

朴树（桩主：吴伟丰）

桩材分析 优点：这是一横展式的半成品连根林桩。截桩到位，定托准确，可塑性强。缺点：没有最后确定主观赏面，造型目的不明确（图3-412、图3-413）。

造型要点 分组，定主、客、陪。各干布枝四歧，独立成景，而又相互依存，联成一体。旷野杂木林相，"沃土育丰林"，根深叶茂（图3-414）。

设计要点 梯形构图。干形上耸，势韵一致。外围枝向外扩展，内围枝向中间靠拢，主次分明，众志成城（图3-415、图3-416）。

图3-413 笔者选定的观赏面

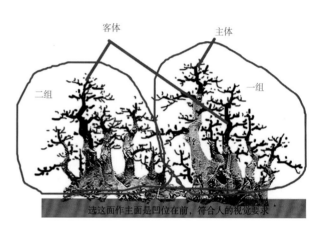

图3-414 选定的主观赏面分析、造型分析，注意根、头在盆中裸露的度

图3-415 钢笔造型设计

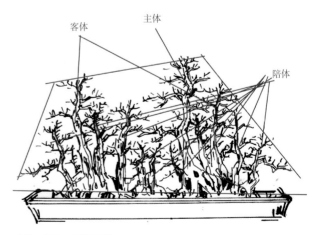

图3-416 设计分析

三角枫（桩主：幸福小屋）

桩材分析　优点：桩健康，干成右流势。分组清楚。缺点：左组干过于集结，截后有多个伤口（图3-417）。

造型要点　各干后续取逆势，增强动感。树种是枫，宜高耸。强调主体、客体的高度，拉开间距并独自成景，但气韵一致。坡脚杂木林，雄浑野趣（图3-418、图3-419）。

设计要点　分组，定主、客陪。整体取不等边三角形构图。各干布枝四歧。树相高低错落、参差不一。整体势韵协调统一（图3-420、图3-421）。

图3-417　原桩正面照

图3-418　截桩，定主、客、陪

图3-419　截定后分析

图3-420　造型设计

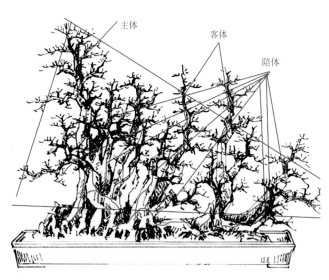

图3-421　设计分析

榆树（桩主：伯虎后裔）

桩材分析 优点：桩大气，过桥连根状。精华集中，有个性有特色。缺点：截口大，成型时间长（图3-422、图3-423）。

造型要点 高耸、雄健的雪压枝式杉木林造型。以"高山仰止，景行行止"为主题进行构思（图3-424）。

设计要点 分组，定主、客、陪。等腰三角形构图，整体干势上耸，刚直正气。各干自成景象但又相互依存，团结一体（图3-425）。

图3-422　原桩背面相

图3-423　原桩正面、截桩分析

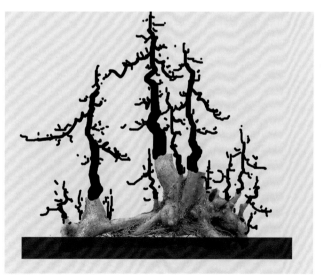

图3-424　造型设计

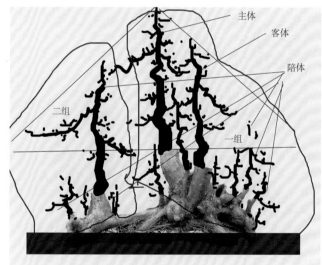

图3-425　设计分析

▶ 半悬崖式

是指干身的悬垂度不超过盆的底线的造型形式。是人们最喜欢的造型形式之一

九里香（桩主：1727025848）

桩材分析　优点：很常规的半成品桩。布托准确，截桩到位，有原托可利用。缺点：桩起立为大弯状，少力度美。家培桩少自然野味（图3-426）。

造型要点　常规的半崖造型。原干由一大弯弧线和一短直线组成，节奏变化不

大，没有亮点，故增培的尾梢，力求节律变化强劲，空间变化大，有力量感（图3-427）。

设计要点　把主干看作一半飘半跌枝来造型。通过剪蓄，使主干线的起、承、转、合出现长短跨度的互换，软角、硬角的交替，从而具有书法中草书的线条美。枝走方位：A正左，B右前，C正前，D左后，E右后，F左前（图3-428）。

图3-426　桩的正面照

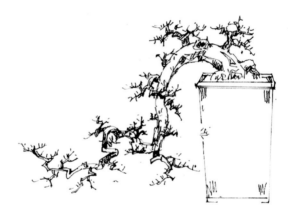

图3-427　造型设计

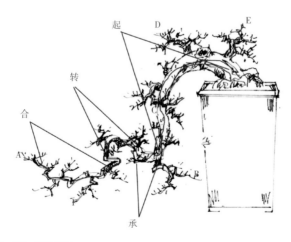

图3-428　设计分析

图3-429 原桩正面照

罗汉松（桩主：卓建成）

桩材分析 优点：桩健康。干身收尖顺畅，有曲度、有变化 。成型快。缺点：少可利用的原托（图3-429）。

方案1造型要点 弧峰秃顶式半悬崖造型。该造型突出了干身线条节律变换的动态美。奔腾、豪放，滚滚向前，势不可当（图3-430）。

方案1设计要点 结尾回顾、收合、统一。枝走方位：A左后，B右后，C右前，D正右，E前，F后（图3-431）。

方案2造型要点 利用了原桩干身上的第一第二托，树相较为雄健、秀茂（图3-432）。

方案2设计要点 关注结尾的回顾、收合、统一。枝走方位：A右上，B右后，D右前，E前，F后（图3-433）。

图3-430 造型设计1

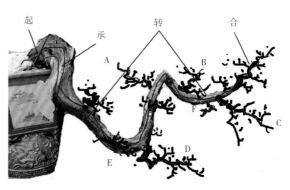

图3-431 设计分析

图3-432 造型方案2

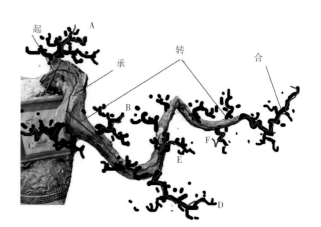

图3-433 方案2的设计分析

九里香（桩主：简茂德）

桩材分析　优点：半成品桩，已培育有第一节。健康。根入盆弯位好。干有坑棱稄凸，收尖顺畅。缺点：人工味重，少自然野趣（图3-434、图3-435）。

造型要点　增长尾梢变换主干的节奏韵律、空间走位，使之更符合形式美。以"滚滚长江东逝水，浪花淘尽英雄，是非成败转头空，青山依旧在，几度夕阳红"作主题，进行构思（图3-436）。

设计要点　原干长线段居多，故后续线是不同走位的几节短线，再长线回顾顶托，收结、合势。枝走方位：A左上，B右后，C正左，D右前，E前，F后（图3-437）。

图3-434　原桩正面照

图3-435　截桩分析

图3-436　造型设计

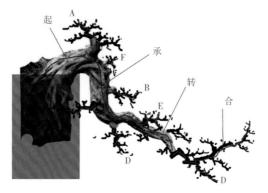

图3-437　设计分析

朴（桩主：小兵）

桩材分析 优点：桩成"S"型，软角硬角结合，势韵好。健康、收尖顺畅，有原托可利用。缺点：中部收腰（图3-438）。

造型要点 倒挂抬头探枝式半悬崖造型。配高筒盆，量重，均衡重心达到视觉平衡作用。以"绝壁倒挂，临危不惧""不管风吹浪打，我自闲庭信步"作主题，进行构思（图3-439、图3-440）。

设计要点 不等边三角形构图。高位探枝，力求枝线"四美"。枝走方位：A左前，B左后，C右前，E前，F后（图3-441）。

图3-438 原桩正面相

图3-439 PS造型设计，注意根头挂、露盆的度

图3-440 钢笔造型设计

图3-441 设计分析

罗汉松（桩主：一凡毛衣）

桩材分析 优点：桩成"S"型，曲度好，收尖好，根板好。健康，有筋有骨。缺点：少原托可利用（图3-442）。

造型要点 倒挂抬头探枝式半悬崖造型。干身外飘，全靠配盆的量感来达到视觉均衡。高位搭配探枝，探头探脑，造型险且奇。以"咬定青山不放松，立根原在破岩中"为主题进行构思（图3-443）。

设计要点 不等边三角形构图，取势外展横悬绝壁，如飞凤、如腾龙，奇幻无穷。枝走方位：A右前，B右后，C左后，D左前，E前，F后（图3-444）。

该桩还可作卧干式造型，看作者的喜好。

造型要点 卧干拖枝式造型。起用拖枝的侧托作顶枝，树相稳重中有奇趣。成型快是该造型的最大特点（图3-445）。

设计要点：不等边三角形构图。布枝四歧，拖枝与干身紧靠，主运动线呈回环奔跃状态，在稳定中求动感、求新意。枝走方位：A正左，B左后，C右后，D右前，E前，F后（图3-446）。

图3-442　原桩正面照

肘位枝
不雅，截

图3-443　PS设计方案1，注意根在盆中的度

图3-444　钢笔设计

图3-445　PS设计方案2，注意根在盆中的度

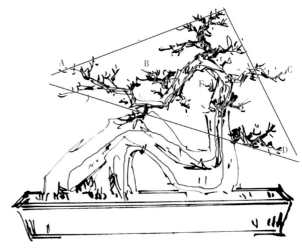

图3-446　钢笔造型设计

大悬崖式

是以干身的形态来命名的，即干身的悬垂度超过盆的底线的造型形式。在众多的盆景造型形式中最受人们喜爱，造型难度也最高

雀梅（桩主：1727025848）

桩材分析 优点：这是一很好的悬崖桩。桩健康、壮龄。新培育的尾梢已基本顺接。缺点：原截口较大（图3-447）。

造型要点 把干身的主运动线看作是一跌枝来造型。增培尾梢的长度，在节奏和韵律上同原干产生强对比，并协调统一。取"黄河之水天上来"，奔腾咆哮、一泻千里之意，进行构思造型（图3-448、图3-449）。

设计要点 布枝四歧。新培尾梢，连续几刀短剪，积蓄力量后再一刀长剪，回顾头部，收势结尾。如黄河入海，整体神韵一致。枝走方位：A正右，B右后，C右前，D右后，E前，F后（图3-450）。

图3-447 原桩正面照

把桩旋转到这一位置，保持现有桩身主线，肥培管理到干身顺接，边管理、边造型

图3-448 拟作大悬崖造型

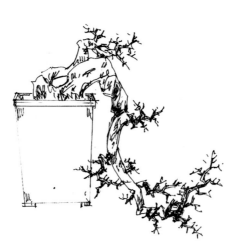

图3-449 造型设计

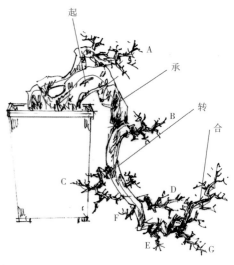

图3-450 设计分析

福建茶（桩主：西樵小辉）

桩材分析　优点：干身悬垂度足，收尖顺畅，有曲度有空间变化。缺点：短线软弯起立，力度不够。承接段硬直，少变化。少原托（图3-451、图3-452、图3-453）。

造型要点　这是垂泻形的大悬崖造型。原干段飘垂足够，孤峰秃顶，在造型上重点要注意的是布托和结尾的收合。"飞流直下三千尺，疑是银河落九天"是其最好的写照（图3-454）。

设计要点　主干线以软弧居多，故后续线段宜短，变换空间走位，加强力度和三维变化。结尾回顾根头部，收势。枝走方位：A右上，B右后，C正右，D右前，E正左，F前，G后（图3-455）。

图3-451　原桩正面照

图3-452　原桩背面照

悬崖造型根入盆不深，第一弯不是最好

过长直

细

少原托

优点是悬垂度足，收尖好，干身空间变化大、健康无大伤口

图3-453　桩材具体分析

图3-454　造型设计

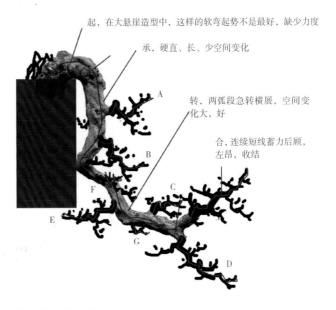

起，在大悬崖造型中，这样的软弯起势不是最好，缺少力度

承，硬直、长、少空间变化

转，两弧段急转横展，空间变化大，好

合，连续短线蓄力后顾，左昂，收结

图3-455　设计分析

红牛（桩主：心景入画）

桩材分析　见图3-456、图3-457。

造型要点　增培尾梢长度，加强主干线的节奏、韵律。统一整体势韵（图3-458、图3-459）。

设计要点　注意布托时的枝走方位，整体统一在右流势中。个别托的侧枝C取逆势，加强顺逆对比，增强动感。结尾回顾。枝走方位：A左上，B右后，D正右，E右前，F正右，C正左（图3-460）。

图3-456　原桩正面照

这是一上等桩
桩主截桩到位，所有能利用的原托都短截到这一节。顶托与主干气韵统一，而且有了3节大大缩短培育时间。
桩身飘长足，有曲度、收尾过渡自然、节奏、韵律好

不足的是头部截口多，不见露根。
现用盆小了。
造型依桩身发挥即可
注意各枝托的顺逆、空间走位整体势韵的统一
这是常规桩，我书中多有造型

图3-457　桩材分析

这两原托成前顶状，后续枝要注意枝走方位，解决顶心问题。

这两段干等长，造型要注意藏、遮

尾梢横平，注意续枝的走位、空间变化并与杆势统一呼应

图3-458　造型设计的具体分析

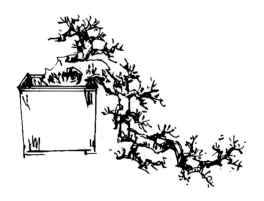

图3-459　造型设计

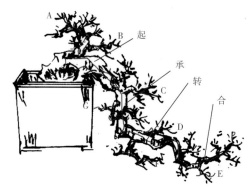

图3-460　设计分析

山橘（桩主：jking）

桩材分析　优点：这是一培育多年的半成品桩，截桩定托较准确，剪蓄的枝节长短合度。干身收尖顺畅。头部起立在力。起、承、转三段干节律很好。缺点：中段干硬直、长横。个别托多余（图3-461、图3-462）。

造型要点　增培上昂尾梢，统一干、托的走势。注意托与托之间的留空大小，强化枝的争让对比。整体协调统一（图3-463、图3-464）。

设计要点　新培尾梢几剪短线与干身长线对比鲜明，空间变化大，节奏起伏有亮点。整体造型的主运动线往复回环，势韵娇媚、轻柔。枝走方位：A右上，B右后，C正右，D右前，E前，F后，G正左（图3-465）。

图3-461　原桩正面照，存在问题分析

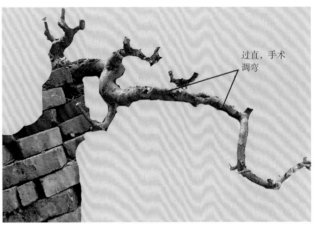

图3-462　截后桩相

图3-463　调矫后确定方位照

图3-464　造型设计

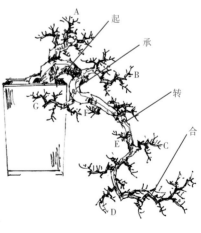

图3-465　设计分析

图3-466 原桩正面照

图3-467 造型设计

榆树（桩主：林春迎）

桩材分析 优点：干身收尖顺畅。有原托可利用。可塑性强。缺点：作悬崖造型，悬垂度不足（图3-466）。

造型要点 全培形大悬崖造型。增培尾梢，加强主干节律、空间变化。亮点全靠后天培育（图3-467）。

设计要点 原桩软角居多，故后天培育以硬角为主，增强主干运动线的软、硬对比度、力度。枝走方位：A左后，B右后，C右后，D右前，E右前，F左前，G前（图3-468）。

黄杨（桩主：阮世宏）

桩材分析 优点：干身的节奏、韵律、空间变化强劲，如蛟龙戏水，变化无穷。缺点：原枝全集中在干的收尾段，故设计方案不多（图3-469）。

造型要点 利用原有枝托，采用调矫、拉扎、缠绕的方法进行造型。以观赏整体大效果为主。成型快（图3-470）。

设计要点 突出干身线条的自然节律美，不作过多的人为加工。统一枝的走势，结尾回顾。枝走方位：A左前，B正左，C左前，D左前，E左后，F右前，G后，H前，I右后（图3-471）。

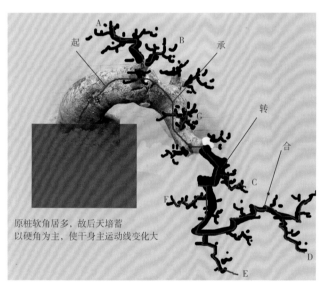

原桩软角居多，故后天培蓄以硬角为主，使干身主运动线变化大

图3-468 设计分析

图3-469 原桩正面照

图3-470 造型设计

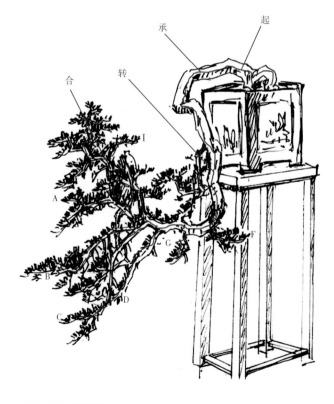

图3-471 设计分析

捞月式 是以干身的形态来命名的造型形式

红果（桩主：1727025848）

桩材分析 优点：半成品桩。定托合理，干身收尖顺畅，节奏、韵律、空间变化都好。缺点：家培实生苗桩，不够老劲（图3-472）。

造型要点 干身回环抱盆，典型的捞月式造型。布托要注意枝的外展、争让，各托所占空间的大小，整体势韵的和谐、协调、统一（图3-473、图3-474）。

设计要点 干身的起、承、转三段都相当有特色、有个性。故后续尾梢段宜依主干势韵斜向上走，呈回环抱月状、线段长短结合，收合结尾，最后整体协调统一。枝走方位：A左上，B右后，C正右，D右前，E前，F后，G左后，H左前（图3-475）。

图3-472 原桩正面照

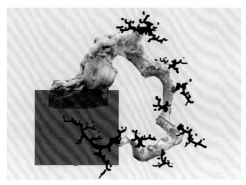

图3-473 PS设计，注意根头部在盆的位置

图3-474 钢笔造型设计

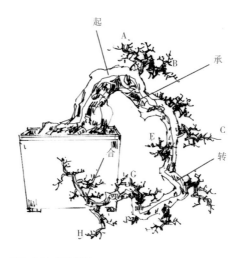

图3-475 设计分析

雀梅（桩主：1727025848）

桩材分析　优点：半成品桩，已培育有第一节枝。缺点：干不顺接，桩相一般，没亮点（图3-476）。

造型要点　全培形的捞月造型。增培后续干的长度呈回环抱月状，力求节律，空间变化强劲，符合"四美"的枝线标准（图3-477、图3-478）。

设计要点　原干段呈软弧状，缺少力感，故后续干段宜短长结合，要"收回来再打出去"，人为地制造力感，加强对比。布枝四歧，注意枝托所占空间的大小，枝的左右争让。结尾回顾，势韵统一。枝走方位：A左上，B正左，C右前，D正右，E前，F后，G右前（图3-479）。

图3-476　原桩正面照、截桩示意

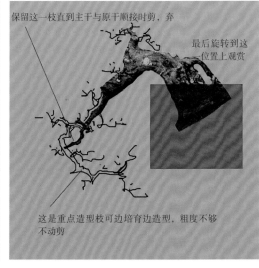

保留这一枝直到主干与原干顺接时剪，弃

最后旋转到这一位置上观赏

这是重点造型枝可边培育边造型，粗度不够不动剪

图3-477　PS拟作捞月形的造型设计分析

图3-478　钢笔造型设计

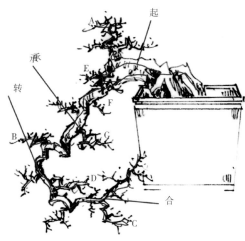

图3-479　设计分析

榆树（桩主：伯虎后裔）

桩材分析　优点：桩健康，有两原托可利用。缺点：这是很一般的桩材，干身大弯，少空间变化，尖脚，干短。根单一，直插。要做作品，只能全培，寄希望于后天（图3-480）。

造型要点　原干大弯，少亮点。新增后续干多用短线硬角求取节律和空间变化。增培右拖根，锚定干身，稳定全桩（图3-481、图3-482）。

设计要点　桩中干的起段、承段变化不大，故新培的转段干要强化对比才能有特色。这是后天全培干的优点，但所需时间较长。枝走方位：A左上，B正左，C正右，D右前，E前（图3-483）。

图3-480　原桩正面照

把桩旋转到这一角度
秃顶捞月造型

图3-481　PS 的捞月式造型，注意根的入盆度

图3-482　钢笔造型设计

图3-483　设计分析

红牛（桩主：龙生）

桩材分析 优点：典型的孤峰秃顶式捞月桩。健康、壮龄，收尖顺畅，有原托。缺点：个别托定位不是最好（图3-484、图3-485）。

造型要点 突出干身孤峰段的精华。增培尾梢的上捞长度，统一整体势韵（图3-486）。

设计要点 原干身的起段、承段都是长弯的软弧线，少节律和空间变化，故后续干要反其度而为。线段要短而有力，要有大的空间变化，两者要对比强烈才能出彩。枝走方位：A右前，与干身走势相同，突出顶峰。B右前，C正左，D左前，E前（图3-487）。

图3-484 原桩正面照

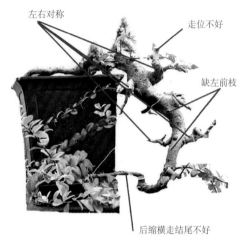

图3-485 存在的问题分析

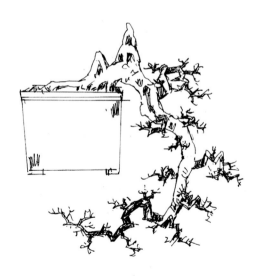

图3-486 造型设计

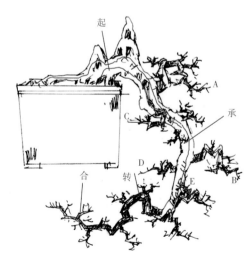

图3-487 设计分析

雀梅（桩主：鸿雁飞翔）

桩材分析　优点：桩健康，大气，收尖顺畅，有副干可利用。缺点：原托过粗，截后伤口大。主干软弯，少节律变化（图3-488、图3-489）。

造型要点　双干垂挂形捞月造型。利用了主干大弯大弧的特点，将观赏者的视觉中心引导到桩的头根部精华（图3-490）。

设计要点　后续干段线采用长短结合、软角硬角结合的办法，突出空间变化，与原干段形成强对比，增加形式美感。整体，协调统一（图3-491）。

图3-488　原桩正面照

图3-489　截桩分析

图3-490　造型设计

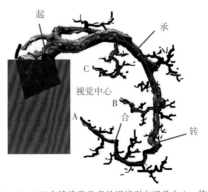

A、B、C三主线将欣赏者的视线引向视觉中心，使造型势韵突出

图3-491　设计分析

文人式 是以树的形态格局来命名的造型形式

图3-492 原桩正面照

榕树（桩主：震宇）

桩材分析 优点：这是大榕身上切下的一段根。根、干连成一体，有很强的节奏韵律感，适合作文人式造型。缺点：这是光身桩，一切需重新开始（图3-492）。

造型要点 清、疏、简、洁（图3-493）。

设计要点 不等边三角形构图。布枝四歧。依干身的形态，黄金分割位搭配半飘半跌枝，将观赏者的注意力引导到根头部，突显干身精华。配马蹄盆让树桩高耸，格调清高。枝走方位：A正左，B左后，C右后，D右前，E前，F后（图3-494）。

图3-493 造型设计

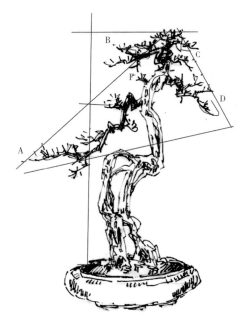

图3-494 设计分析

山橘（桩主：kyv444）

桩材分析 优点：干收尖顺畅，有节奏韵律，适合小品文人格造型。缺点：起托过矮，不符合造型形格（图3-495）。

造型要点 高干文人格造型。清高、潇洒、出尘（图3-496）。

设计要点 不等边三角形构图。布枝四歧，重点枝落点黄金分割位。桩植盆黄金分割位。结顶右展与重点枝势相呼应（图3-497）。枝走方位见图3-498。

金弹子（桩主：一凡毛衣）

桩材分析 优点：同势同韵的双干文人格造型桩。干身收尖顺畅。根板劲健。缺点：双干弯度过大，要调矫（图3-499）。

造型要点 清高的相依相偎的"神仙伴侣"天地任逍遥（图3-500）。

设计要点 等边三角形构图。布枝四歧，左一重点枝落点黄金位。桩植盆黄金位。主副干高位飘枝左右开展，相互拥抱，生死相依。枝走方位：A左前，B右后，C右后，D右前，E前，F后（图3-501）。

图3-495 原桩正面照

图3-496 截桩分析

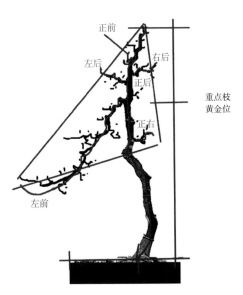

图3-498 设计分析

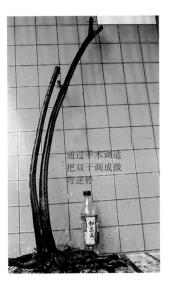

图3-499 原桩正面照

图3-497 造型设计

图3-500 造型设计

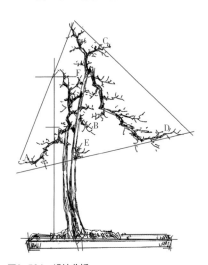

图3-501 设计分析

两段等长

右倾15度
取势

图3-502 原桩正面照，截桩分析

图3-503 PS造型设计，注意干在盆的度

白蜡（桩主：天地人）

桩材分析 优点：带公孙格的文人桩。健康，收尖好，根板好。缺点：没有可利用的原托（图3-502）。

造型要点 高标双干文人格造型。公孙俩相互一体，特立独行，无欲无求"我自岿然不动"（图3-503）。

设计要点 不等边三角形构图。布枝四歧，主副干重点枝落点黄金位。桩植盆黄金位。左重点枝均衡全桩。势左争右让（图3-504）。枝走方位见图3-505。

图3-504 钢笔造型设计

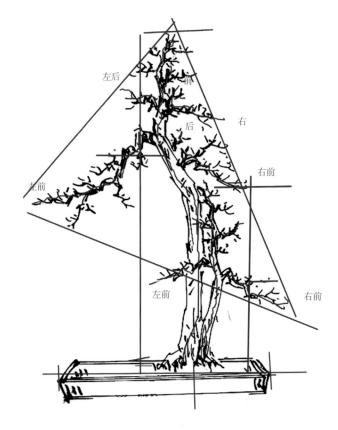

左后

那

右

后

右前

左前

左前

右前

图3-505 设计分析

山橘（桩主：UL）

桩材分析　优点：小品文人格桩。干身有节奏有韵律，收尖好，定托好。缺点：枝没截到位（图3-506）。

造型要点　清、疏、简、洁。标新立异（图3-507）。

设计要点　不等边三角形构图。布枝四歧，仅一托、一顶、三点枝，极度简洁。枝走方位：A左前，B左后，C前，D后（图3-508）。

图3-506　原桩正面照

图3-507　造型设计

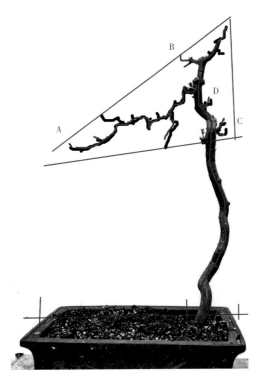

图3-508　设计分析

以根代干式 是以根的状态来命名的造型形式

图3-509 原桩正面照

山橘（桩主：woodo30）

桩材分析 优点：典型的以根代干式造型。截桩到位。干身形态好。缺点：两根开张度大。光身桩（图3-509）。

造型要点 带文人格的斜干拖枝造型。清、奇、古、怪集合一体。把精力全部放在重点枝的制作上，从枝的起、承、转、合到枝的节奏韵律、空间变化，力求尽善尽美（图3-511）。

设计要点 不等边三角形构图。布枝四歧，重点枝落点黄金位。左争右让，势险而稳，平中求奇。枝走方位：A左前，B正左，C左后，D右前，E前（图3-512）。

把根调合一起加大根的支撑力度

图3-510 调根

图3-511 造型设计

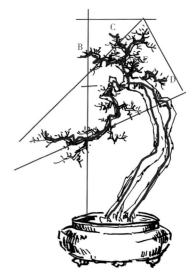

图3-512 设计分析

博兰（桩主：海南博兰专卖店）

桩材分析　优点：这是典型的以根代干桩。根粗壮成组，有支撑力。有原托。干，收尖顺畅。缺点：截后伤口较多（图3-513）。

造型要点　斜干拖枝式造型。高位搭配拖枝均衡全桩，加强动感。以"长袖善舞"为主题进行构思（图3-514）。

设计要点　不等边三角形构图。布枝四歧，重点枝落点黄金位，左争右让，舞动感强。结顶右展与拖枝势韵统一（图3-515、图3-516）。枝走方位：A正左，B左后，C右后，D右前，E前，F后（图3-517）。

图3-513　原桩正面照

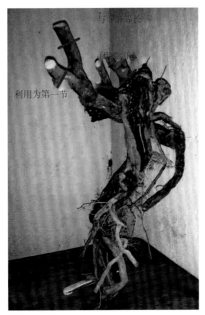

图3-514　截桩分析

图3-515　PS设计，注意干的倾斜度根的入盆度

图3-516　钢笔造型设计

图3-517　设计分析

图3-518 原桩正面照

图3-519 把桩右旋30度进行造型设计

山橘（桩主：小橘迷）

桩材分析 优点：桩健康。根粗壮，有支撑力。干收尖较好，有一原托可利用。缺点：主干顶部截得过短（图3-518）。

造型要点 曲斜干拖枝造型。左拖枝将视线下引，突出根部精华。昂首阔步，运动感强（图3-519）。

设计要点 不等边三角形构图。布枝四歧。重点枝翻卷扭动、节律好，空间变化好。枝走方位：A正左，B右前，C前，D左后，E后（图3-520）。

图3-520 设计分析

雀梅（桩主：心景入画）

造型要点 把新培干下引到盆面后再上行，成三干状。目的是增加原干的支撑力度，按照三点决定一平面的原理让桩稳定下来，突出干身的根部精华（图3-521至图3-523）。

设计要点 等腰三角形构图。布枝四歧，左一重点枝落点黄金位，飘枝取势，生动、活泼，成为全桩造型亮点。枝走方位见图3-524。

图3-521 原桩正面照

图3-522 按桩主造型意图的设计，桩材分析

这样的桩全身不是好桩。桩锥立，下部不能支撑上部。提根桩，要根与干同粗根当作干，才是好桩。这桩也不入云头雨脚类。因桩身过高，不稳。像这样的桩，我不选购

图3-523 笔者的造型设计

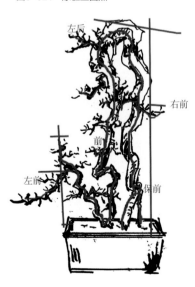

图3-524 设计分析

罗汉松 （桩主：贵州小唐）

桩材分析 优点：桩健康。干身的运动曲线好。根好。缺点：原托过粗，截后有大伤口（图3-525）。

造型要点 以根代干式造型。充分利用原桩干身的曲线美，以欣赏干线的力度、节奏、韵律、空间变化美为出发点进行造型。树相奔腾跳跃，态势奇曲，惊心动魄。

设计要点 原桩干的起段、承段为软弯大弧，转段为急弯，力回缩，故后续干段反向放出，力感特强。整体干线尽得四美精髓（图3-526）。枝走方位：A右后，B正左，C右前，D前，E后（图3-527）。

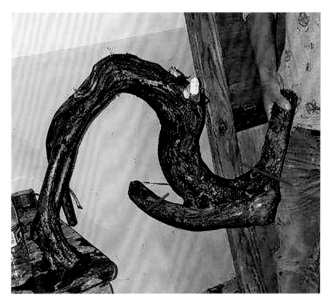

图3-525 原桩正面照

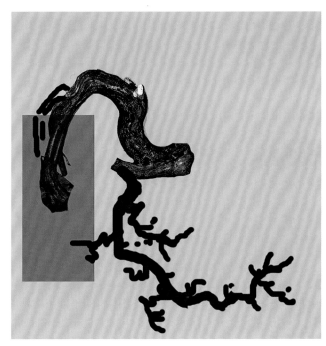

图3-526 造型设计

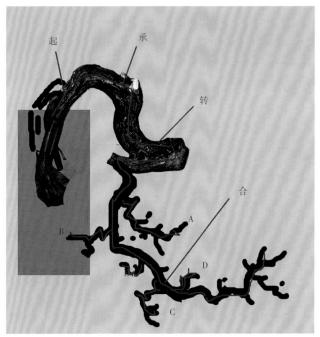

图3-527 设计分析

怪异式 *是以干身的形态特征来命名的造型形式*

桩材分析 从图3-528、图3-529、图3-530可见，最能把桩材的个性、气质反映出来的应是图3-528。优点：桩相怪异，干身由软角硬角和长短不一的线段组成，韵律感、节奏感特强。线条的力度美、节奏美、韵律美、空间变化美，这四美得到最佳展现，是难得的怪异桩材。缺点：半成品桩，因造型目的不明确，从而造型也无从下手。故定托不准确。正前伤口没处理好。

造型要点 破格，另类是造型的指导思想。突出全桩干身的线条美是最终目的（图3-531）。

图3-532中所列的10点美学形式，是造型艺术中所应遵守的共同法则。认真弄懂并充分理解十分重要。

图3-528 原桩正面照

图3-529 原桩背面照

图3-530 正侧面照

图3-531 造型设计

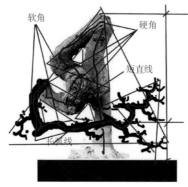

图3-532 图解造型设计中形式美的运用

软角　硬角　短直线　长弧线

1. 硬角与软角的对比
短直线与长弧线的对比
2. 构图中十字相交的短线破长线
3. 整体造型中主运动线的长、短互换，空间转换
4. 构图中不同大、小三角形的空间分布
5. 构图中反3字的灵活运用
6. 视觉的对称均衡
7. 线条变化中的节奏与韵律
8. 枝线的疏密对比
9. 视觉中心的运用
10. 黄金分割律的运用

罗汉松（桩主：神棍KK）

桩材分析 优点：桩健康，壮龄。干身线条美感特强。集以根代干式和怪异式于一体，可塑性强。缺点：头根部锥立难支撑干身上部的重量，给人上重下轻、重心不稳的感觉（图3-533）。

造型要点 通过短截主干，新培下行盆面后再上干，解决原桩根部锥立、重心不稳的矛盾。力求整体干线达到"四美"的标准（图3-535）。

设计要点 不等边三角形构图。布枝四歧，重点枝上升到黄金分割位。运用视觉注意加强作品的可赏性。整体造型奇幻，突出，有新意。枝走方位：A正左，B右后，C左上，D右前，E前，F后（图3-536）。

这桩最大的缺点是锥脚，如何解决是造型重点

图3-533 原桩正面照

图3-534 原桩背面照

图3-535 造型设计

这是中国书法中线条美的造型讲究的是线的节奏、韵律

通过培育点脚下行枝解决锥肢矛盾强化作品的视觉注意，让精华更集中

视觉注意

图3-536 设计分析

榆树（桩主：一凡毛衣）

桩材分析 优点：这是一带有象形韵味的桩，犹如舞动的胖女人体。有足够的原托可利用。缺点：干身中空。根短缺（图3-537至图3-539）。

造型要点 以舞动着的胖女人为造型依据。如巴西的"肚皮舞"奔放、激情（图3-540）。

设计要点 不等边三角形构图。布枝四歧，左右重点枝落点黄金分割位。中正、大方、舞动感强。枝走方位：A正左，B左后，C右后，D右前，E前，F后（图3-541）。

图3-537 原桩正面照

图3-538 原桩背面照

预计成型高度为现高

第一节宜短才有好的节奏

图3-539 截桩分析

图3-540 造型设计

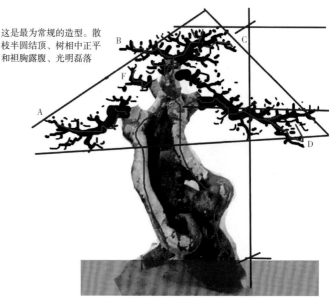

这是最为常规的造型。散枝半圆结顶、树相中正平和祖胸露腹、光明磊落

图3-541 设计分析

榆树（桩主：树怪）

桩材分析　优点：桩健康、怪异，有种另类美感。干身收尖顺畅，可塑性强。缺点：立位不准确。少原托可利用（图3-542至图3-544）。

造型要点　舞动着的女体，杨丽萍"孔雀舞"中的回身造型。轻盈、活泼、娇柔、美媚（图3-545）。

设计要点　不等边三角形构图。布枝四歧，左右重点枝落点黄金分割位，枝形外展，穿臂状。重心稳固，势韵统一。枝走方位：A右前，B正左，C左后，D右后，E前，F后（图3-546）。

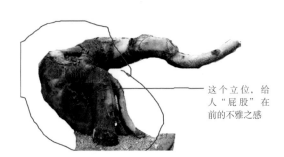

这个立位，给人"屁股"在前的不雅之感

图3-542　原桩正面照

通过调矫立位（横于靠前、屁股后缩）解决上一矛盾

图3-543　调矫立位照1

左旋20度，解决干身过于右垂、失势的缺点

图3-544　调矫立位照2

图3-545　造型设计

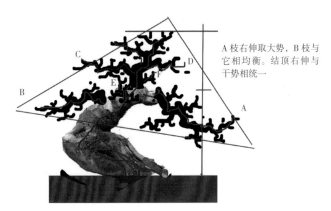

A枝右伸取大势，B枝与它相均衡。结顶右伸与干势相统一

图3-546　设计分析

石上树式

是以树的形态来命名的造型形式

榕树（桩主：大狗）

桩材分析 优点：桩大气，已培育多年，有众多小干，符合石上树形格。缺点：造型目的不明确，各干聚堆，取势不足（图3-547、图3-548）。

造型要点 分清主、客、陪。决定取势方向。由主干高定各干高。各自精彩。整体协调统一（图3-549、图3-550）。

设计要点 不等边三角形构图。各干布枝四歧，右干落点黄金位，整体势韵右重左轻成右流势（图3-551、图3-552）。

图3-547　原桩正面照

图3-548　原桩背面照

图3-549　选面截桩分析

把桩旋转到这一位置，取势、截桩，定主、客、陪依石上林格造型

图3-550　截桩后的PS配盆状态

图3-551　钢笔造型设计

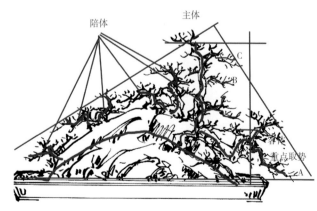

图3-552　设计分析

金豆（桩主：小兵）

桩材分析　从下面三图的分析可见图3-553应是最佳观赏面。优点：桩大气，有一山坡状的板根。干多，呈纵深分布，立体感好。缺点：各干大小相差不大，主次不分（图3-553至图3-555）。

造型要点　分组，定主、客、陪。主干在一组，最高，统领各干。杉木林雪压枝式造型。左右干临崖外展，生动、别致（图3-557）。

设计要点　不等边三角形构图。各干布枝四歧，左右干重点枝落点黄金位。整体干势上耸，神韵一致（图3-558）。

图3-553　原桩正面照，截桩分析、示意

图3-554　原桩背面照

图3-555　原桩左侧面照

图3-556　原桩右侧面照

图3-557　造型设计

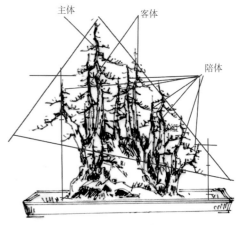

图3-558　设计分析

榆树（桩主：追梦）

桩材分析 优点：这是很一般的石上林桩，有点坡脚的样子。缺点：主体过于突出，不协调（图3-559、图3-560）。

造型要点 分组，定主、客、陪。旷野坡林，幽、静、清、肃（图3-561）。

设计要点 不等边三角形构图。各干布枝四歧，自成树相。主体干、客体干落点盆的黄金位。各干势韵上耸，整体协调统一（图3-562）。

图3-559 原桩正面照

图3-560 截桩分析示意

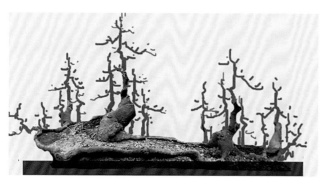

图3-561 造型设计

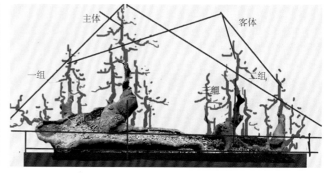

图3-562 设计分析

过桥林式 是以干的形态特征来命名的造型形式

雀梅（桩主：429044212）

桩材分析 优点：桩分组合理，主次关系好。根平浅适合上浅盆。缺点：原主干损伤，截后干不顺接（图3-563）。

造型要点 平板桥林造型。一组居左，起主导作用，干多，密集，相雄；三组居右，相，清疏；二组居中，单一，把左右两组干连接起来。整体势韵右倾，协调统一（图3-564、图3-565）。

设计要点 分组。定主、客、陪。不等边三角形构图，重左轻右，势活。各干布枝四歧，自成树相而又相互依靠结成一整体（图3-566）。

图3-563 原桩正面照

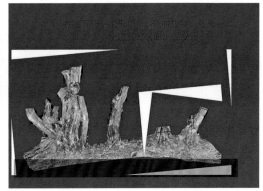

图3-564 手术调矫，把根穹起来作过桥式

图3-565 造型设计

图3-566 设计分析

雀梅（桩主：jhkb7503637）

桩材分析 优点：桩健康，根板好，右旋45度可作过桥林造型。缺点：干左少原托（图3-567、图3-568）。

造型要点 桩横展后精华显现，桥相突出，有韵味。分组清楚，势右倾，动感好（图3-569）。

设计要点 分组。定主、客、陪。各干布枝四歧，各自精彩。整体势韵统一（图3-570）。

图3-567 原桩正面照

图3-568 拟作过桥林式造型截桩示意

图3-569 造型设计

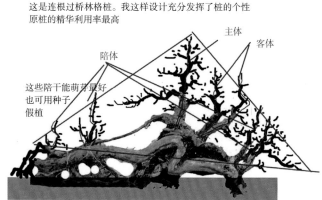

这是连根过桥林格桩。我这样设计充分发挥了桩的个性
原桩的精华利用率最高

陪体　　主体　　客体

这些陪干能萌芽最好
也可用种子
假植

图3-570 设计分析

红牛（桩主：冯龙生）

桩材分析 优点：这是一上好的过桥林桩。健康，无大伤口。新培干高度已足，分组清楚、主、客、陪确定。可见桩主有明确的造型目的。缺点：上盆时间迟了一点。有个别干走位要调整（图3-571）。

造型要点 按现有干的分组，调整干与干之间的疏密关系，以各干能单独显现为好。主体干统领一切，其他各干从属于主干（图3-572）。

设计要点 分组，定主、客、陪。不等边三角形构图。各干布枝四歧，各自成树相，以主干为中心互相依靠，团结一体。左右干布枝外展，加强整体造型的灵动感。枝走方位：A左前，B正左，C右后，D右前（图3-573）。

雀梅（桩主：CUN1626)

桩材分析 优点：很好的过桥林形格。分组清楚，主、客、陪一目了然。健康，可塑性高。缺点：方位取势不是最好。根没截到位（图3-574、图3-575）。

造型要点 左低右高。气宇轩昂、步步高升。树相潇洒、不羁，勇猛直前（图3-576）。

设计要点 分组，定主、客、陪。不等边三角形构图，各干布枝四歧，树形独立而又相互照应。左右干重点枝落点黄金位，枝形外展大飘枝取势。枝走方位：A正左，B左后，C右后，D右前，E前，F后（图3-577）。

图3-571 原桩正面照

图3-572 造型设计

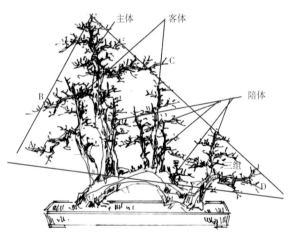

图3-573 设计分析

图3-576 PS造型设计 注意根在盆中的度

图3-574 原桩正面照

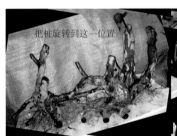

图3-575 调整方位，取势

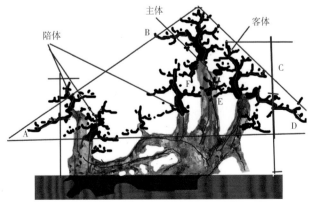

图3-577 设计分析

雀梅（桩主：老弟）

桩材分析 优点：这是一集古榕格和林格于一体的好桩。健康、大气、截桩到位、定托准确、收尖顺畅、根板劲健。缺点：因选面不准确，故个别托定位不准确。主、客、陪不明显（图3-578、图3-579）。

造型要点 集古榕格和林格一起，树相雄奇、多姿。以"一桥飞架南北，天堑变通途"作主题进行构思（图3-580）。

设计要点 分组，定主、客、陪。梯形构图。各干布枝四歧，左右重点枝落点黄金位，各干自成树相又统一在主体周围。枝走方位：A正左，B左后，C右后，D左后，E前，F后，G右前（图3-581）。

岭南盆景的造型形式是多样的，更多的造型形式等待着大家去创新、开发。

图3-578 桩主选定的主面

图3-579 笔者选定的主面、截桩分析

图3-580 造型设计

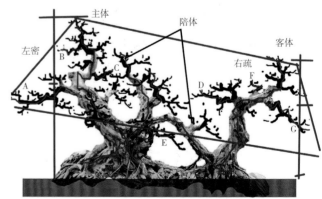

图3-581 设计具体分析

第四章 >>

作品成型轨迹

海岛罗汉松《闲庭信步》成型轨迹

海岛罗汉松也叫热带罗汉松，是第三纪遗留下来的古老植物，是罗汉松中的一个变种，罗汉松科罗汉松属。小乔木、半灌木类。生长在广东沿海，以珠海的担杆列岛资源最为丰富，造型最为奇特。

担杆列岛像根扁担横在万山海域，这些海岛处于风口，山形陡峭，季风把罗汉松"吹塑"得千姿百态、苍劲古雅、造型奇特、枝干虬蟠。大部分海岛罗汉松都长在岩石缝中，生长极为缓慢。它既贱又娇。贱的是其生长环境极其恶劣，娇的是只要一移植，基本就很难活。不过只要一种活，就可以不管了。海岛罗汉松最大的优点是：萌芽率特高，干、枝充满不定芽，同一点位置可萌群芽，即使用剪刀弃除，用刀削平芽基同样还可多次重萌新芽，这一特点非常重要，非常适合岭南盆景截干蓄枝选芽的要求，故它才可像杂木一样培育出枝线有力度、有节奏、有韵律的作品来。

阳江东平渔港的桩农1990年左右开始挖掘，到2000年左右达到高峰。价格很高，成活率很低。现今能见到的成型或半成型作品基本都是那时留下的。

桩材分析　桩头径13厘米，高100厘米。横相呈"M"字形。这样的桩材在当时属于很一般的，但根系较好，中小根居多，成活率相对较高。

优点是桩健康，干身收尖顺畅。中小根多，成活率高。缺点是截后有一较大伤口，但树种愈合性能好。没有原托可利用。当时脑中出现苍龙探涧、幽谷探胜、闲庭信步三个题名，以此进行构思。

培育造型过程　用粗河砂育桩，一月后见新芽，至年末长势良好，确定成活。第二年开春后进行大肥大水管理，进入蓄枝阶段。

经6年培育，顶枝取得两节，其余干身托仅取得一节。

经7年肥培管理，重点探枝通过弯扎已取得两节，初见成效。

两年间造型的重点是加强对重点枝的培育，即适当增加重点枝的叶面量，疏减其他枝的叶面量。目的是使各枝托同步成型。

2006年春对重点枝进行调矫。起用原枝上的一左下侧枝逆向反转，使重点枝的主脉出现力的变化，好像黄河奔流而下，中途遇到大石阻挡，逆起后再顺流而下。

通过10年的培育，各枝托都向心目中的方向发展，顶枝高度已足，今后只要控制高度，丰满树冠即可。

作品初具规模后，开始进入精细的成型阶段管理。

罗汉松有顶端萌芽的习性。要想得到紧密的细枝，每年冬末可进行修剪一次。剪除一些轮生枝、杂乱枝，让枝的主脉、次脉更清晰，各枝的枝走方位、空间分布更合理。

整合整体树姿，统一势韵，按照树木盆景的欣赏标准，严格要求，力求尽善尽美。

一年间，对重点枝的尾梢和各枝的尾段进行细致修剪，使尾梢出现节律和空间变化。

岭南盆景成型真的很艰辛，一托枝由一个新芽培起，等同于把一个小孩培育到大学毕业，要花多大心血，可想而知。但，还是有那么多的人热情地投身进去，可见它魅力多强，多么喜人……人的一生有许多不同的追求、不同的经历，顺境也好，逆境也好，都要有自己的信念，"不管风吹浪打，胜自闲庭信步"，唯此，才能不愧此生。

图4-1 这是1998春购进的原桩照

图4-2 拟作水影造型的截桩方案

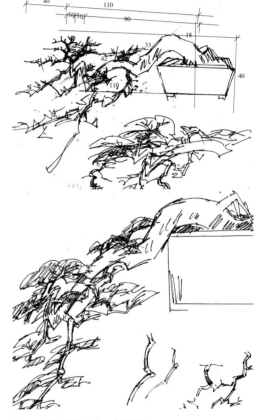

图4-3 造型设计思路，成型效果

图4-4 2003年培育6年的树照

图4-5 2004年培育7年树照

图4-6 2005年培育8年树照

图4-7 2006年培育9年树照

图4-8 2007年培育10年树照

图4-9 2008年培育11年树照

图4-10 2009年培育12年大寒后脱衣修剪时树照

图4-11 2010年培育13年，夏季新芽老熟时树照

图4-12　2011年培育14年，秋季疏枝树照

图4-13　2012年培育15年树照

图4-14　2013年培育16年，换观赏盆树照

图4-15　2014年培育17年树照

图4-16　2015年培育18年参加2015年国际盆景大会暨亚太盆景赏石大会时照

图4-17　2016年培育19年，参加"阳江市江城区岭南盆景艺术展暨江城盆景协会成立20周年志庆"展出时作品照

山油柑《惊蛇入草》的成型轨迹

　　山油柑不是很常用的树种，原因是生长速度快、木质疏松、枝条脆弱。但其新叶成串、嫩绿可爱，在展场中还是偶有遇见的。

桩材分析　图4-18是1998年4月20元购进的一山油柑根状桩。桩成"之"字形三叠扭曲，根干组合一起，长80厘米、干径8厘米。桩相怪异，符合孤峰秃顶式悬崖造型，一时间成型效果已在脑中展现。自认是我当年所进桩中桩相最为满意的一桩。也是我唯一没画成型效果图的一桩。

培育造型过程　用粗河砂横平种于盆中，一般管理，6月新芽长20厘米，已成活。

　　图4-19是2001年4月换盆调根时桩相。经3年培育，尾梢已剪两节，干身托取得第一节。现时树相一般般，并没可圈可点之处。

　　图4-20是2006年经9年培育，尾梢新增两节，干身飘长达110厘米、干身托也增剪两节拟基本定型时的换土翻盆树照。从树照可见，9年间造型的重点是增加尾梢和根的长度，使干身逐级收尖、根更便利今后上观赏盆。这时作品初具观赏性。干身两锐角呈之字形翻滚扭动，充满张力、又如瀑布挂川，一泻千里、更像灵蛇出洞，活力四射。

　　2006—2010年4年间培育重点是调节各枝枝走方位，定位修剪、增加枝托的横角枝，目的使桩相更上镜。

　　从2013年开始每年春秋两季可修剪一次。但不能每次都是全脱叶的重剪，对一些弱枝、有待增强的枝可不剪，促使各枝托同步成型。

　　2015年，作品基本成型并达到心目中的效果。

　　岭南盆景成型不易，刀刀见真功。经18年的培育，作品成型。由于干身极具书法中的行笔意趣，偶读唐·韦续《书诀墨薮》："作一牵如百岁枯藤，作一放纵如惊蛇入草。"又见《宣和书谱·草书七》："若飞鸟出林，惊蛇入草。"悟其味。故定名为《惊蛇入草》。

图4-18　1998年购进的原桩

图4-19　2001年4月换盆调根时桩相

图4-20　2006年培育9年树照

图4-21　弃丢干身上第一托（过近顶峰、遮挡弯位）翻盆30天后树照

图4-22　2010年弃丢根部护围时树照

图4-23　2013年进行局部修剪时树照

图4-24　2014年春重剪时树照

图4-25　2014年秋上观赏盆萌芽后正面树照

图4-26　是侧面最佳观赏面树照

图4-27　2015年春重剪刚萌新芽时树照

山橘《一帆风顺》的成型轨迹

山橘是岭南盆景中一个非常优秀的树种。它独树一帜，是继雀梅之后，最能表达岭南盆景枝法的树种之一。它寿命长、耐修剪，不容易缩枝，成型后保型时间长，不容易变形。耐阴，在室内也能保存较长时间。

桩材分析 优点：图4-28 这是一丛林格桩，全桩9干，有主有次，左飘干特别突出是全桩亮点。桩横展90厘米，高70厘米，最大干径10厘米，最大截口3厘米。缺点：个别干截桩不到位，需重新截定。

培育造型过程 在天台上围砖种植，一年的精细管理，树桩长势稳定，开始进入蓄枝阶段的管理。

经5年的肥培管理，取得新培后续干的第一节。上盆，方便今后定向调枝、修剪。

从图可见，作品正在一步一个脚印地沿着既定的造型方案发展。各干高度，整体造型中的横展幅已达标。今后培育重点

是加强左重点枝和各干侧枝的培育。

图4-36培育10年，作品开始初具观赏性，对各干枝托的空间走位、枝线的力度、节奏、韵律、空间变化进行适当的精细调整。丰满树冠、统一整体势韵。

经16年的培育，作品逐渐成熟，观赏性提高，进入成型阶段的精细、严紧管理：控制桩高、调合各干树姿、加密横角枝、调适各干空间布白的大小，完善整体树相，向心目中要表达的主题靠拢。

图4-40是第一次参加"第十届粤港澳台盆景艺术博览会"时树照。

图4-41是2015年国际盆景大会暨亚太盆景赏石大会参展时作品照。18年，人生有多少个18年？玩盆景真的要有耐心，要持之以恒，要不走弯路才能少有成效。"长风破浪会有时，直挂云帆济沧海"。一切随缘随喜。

图4-28 1997年购进的已成活的二手桩

图4-29 1998年6月树照

图4-30 依主题进行构思，绘制的效果图

图4-31 1999年春疏枝后树照

图4-32 2000年夏地培3年树照

图4-33 2002年春培育5年第一次上盆照

图4-34 2004年培育7年树照

图4-35 2005年培育8年树照

图4-36　2007年培育10年树照

图4-37　2009年培育12年换上观赏盆树照

图4-38　2011年培育14年树照

图4-39　2013年培育16年树照

图4-40　2014年培育17年树照

图4-41　2015年培育18年树照

石斑木盆景《春醉》的成型轨迹

　　石斑木，别名春花、报春花、车轮梅。在岭南盆景中是一既可赏骨架又可赏花的树种。

　　我们都知道，岭南盆景的主要特征是截干蓄枝，也就是尽量地保留桩材的精华并矮化桩材。截后的桩有可能是没有原托的光身桩，今后的所有枝托都是由一新萌芽开始培育而成。故，时间、耐心成为必须的条件。

　　桩材分析　优点：这是一段根和干合成一体的蛇状树根。根为阳根性，即多为阳光照射，等同树干，由多段软弯弧线和两段短直线组成，充满中国书法中的狂草意味，具有无穷的节奏韵律美。桩形看似软滑，实如草书中锋行笔的绵里针、屋留痕，力秀纸背，基本上不用截剪，整理下根系即是一上等怪异桩材。

　　培育造型过程　5年不动，让它疯长，有意将新培主干形成下泻状，与原桩形态统一。

　　依桩相拟作泻枝悬崖造型，上部翻滚扭动、下部一泻到底。上下间曲直对比强烈，犹如瀑布挂川、惊心动魄。"飞流直下三千尺，疑是银河落九天"。

　　从树照看，培育的效果同设计图相差不大。6年的肥培管理，主干粗4厘米，长80厘米，基本骨架达到设计的要求，完成第一阶段的育桩、定托、培育枝干的管理。2004年春，重剪、翻盆、改植，开始第二阶段蓄枝管理。

　　3年又3年的蓄枝、修剪，期间注意枝走方位、一年一剪。2010年年末，各枝托分枝达到4到5级，作品基本成型，完成第二阶段蓄枝的管理。

　　至此，作品基本成型。一个光身桩，所有枝托完全从一芽开始，通过培育，不断地有计划有目的地截、蓄，一步步地达到自己心目中的追求，形成一整体效果。这种坚持、这种执着、这种对自己信念的肯定，才是盆景人享受的无穷乐趣。

　　2011年春，翻盆、换土、上观赏盆，进行成型阶段的管理。

　　2012年春，重剪，经仔细分析后，决定起用侧面作主观赏面，使游龙般的干身曲度尽显。重点调整各枝的枝走方位。10月重剪、少施肥，使新枝成弱枝势、逼使花芽分化、以利明年赏花。

　　2014年1月见花蕾，增施磷钾肥促进花蕾壮大。经16年的培育、从一光身桩到枝满四歧，3月初繁花如锦，见者如醉如痴，《春醉》真的醉了。"一寸枝条生数载，佳景方成已十秋"，玩岭南盆景就是要目标明确，花时间、比耐心，只有精益求精才能制作好的作品来。

图4-42　1999年购进的石斑木正面照

图4-43　侧面照

图4-44 2003年，在盆中培育5年树照

图4-45 当时绘制的造型设计

图4-46 2004年春照

图4-47 2007年秋，培育9年树照

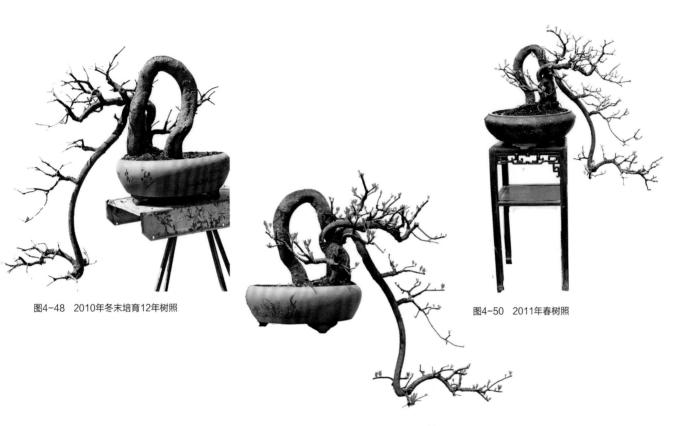

图4-48　2010年冬末培育12年树照

图4-49　2010年，新芽萌动时的另一面树照

图4-50　2011年春树照

图4-51　2012春树照

图4-52　2013培育15年，春季初花树照

图4-53　2014年春培育16年树照

山松《乘风归去》成型轨迹

图4-54至图4-63是侯增华先生作品《乘风归去》的成型轨迹。

山松也叫马尾松，是广东山中最常见的树种。山松用来制作盆景是近30年左右的事。它不同于杂木，杂木枝条剪后可以在有芽眼的位置萌动新芽，山松只能在有松针的地方才能逼到新芽，因此，它的蓄枝、造型另有一套不同的方法。

桩材分析 干径3厘米，高80厘米，树相平凡，无一可取之处。但它是幼龄树，可塑性强。正如此，才能用来制作盆景。

很多人都不相信这是同一棵树，根本就没有可比性，但，事实就是如此。

培育造型过程 定原桩斜立作主观赏面，把最底下的两托枝截弃，保留上面一右展枝作顶枝，轻轻拉直主干。把保留的左一枝作重点枝培育。通过调矫把枝线下拉到合适角度，让它疯长，健旺，原有的枝粗壮，松针浓密，养分充足，3年后开始剪蓄、逼芽。2002年3月当松枝顶端的蜡烛芽未开时，利用原侧枝剪取第一刀。在它前一年的枝上选取合适需萌芽进行枝线造型的地方，保留7~8对松针其余的剪去。40天后，可见剪口处出现簇生新芽，6月保留两芽，其余摘除。每年一次，重复作业。一年一刀，（即取得一节枝线）。通过不断地蓄、剪、缠、扎，以剪为主，扎为辅，7年就培育出有节奏、有韵律、有空间变化、有力度的枝线来，这也是岭南盆景山松制作与北派制作的不同地方。

山松的制作：

1. 要注意1~2年的旺壮枝在有松针的地方才可逼到新芽。

2. 每年的大寒节气后休眠时才可改植换土。

3. 利用牺牲枝加速枝线的成型。

4. 像杂木一样定时修剪。

山松如果在需要有芽的地方，没有逼到芽，可以通过芽接法获得。由于左重点枝的尾梢枝节过长，少变化少力度，故在合适位置接芽，成为今后尾梢。

经12年的培育，干径由3厘米增大到7厘米，各枝托基本成型，进入成型阶段的精细管理。

两年培育的重点是加强各枝托的横角枝的密度，一年逼芽一次，

图4-62是2016年12月全树盛生时照。经2年的逼芽、短针，作品基本成熟。进入完善调整阶段。从树照可见作品格局已定。40天后将萌新芽，60天后拔去现时老针将以全新面孔出现。

经由17年的培育，山鸡变成了凤凰。作品属斜干拖枝造型，轻盈、灵动，有一种飞升的意韵。"我欲乘风归去，又恐琼楼玉宇，高处不胜寒，起舞弄清影，何似在人间"。诗仙的意境，盆景人的心血结晶，可喜可贺。

图4-54 1999年已成活的树照

图4-55 2006年培育7年的树照

这是同一棵树,7年后的不同树相。
每枝都是从一个芽开始进行制作

一刀
二刀
三刀
四刀

图4-56 俩相对照 制作过程具体分析

重点枝中部接芽

这一段软弯过长
节奏韵律少变化

图4-57 2008年6月接芽,培育9年树照

图4-58 接芽成活后树照

图4-59　2011年 培育12年芽接成活放养照

图4-60　2012年培育13年树照

图4-61　2014年培育15年树照

图4-62　2016年培育17年树照

图4-63　2017年3月短剪逼芽树照

山松《顺流逆流》成型轨迹

因文人树不需增培主干，在此剪除原顶枝，保留下芽作重点枝，如果保留顶枝，任由疯长。8年主干可粗达12厘米

图4-64　1999年进的山松桩

图4-65　截弃顶干，只留一托一顶

桩材分析　干径3厘米，高110厘米。很一般的桩材，干身下面一个托位都没有，毫不起眼。

8年，重点枝展幅、顶枝展幅具已达标。原松脚下的小岗松也初具树相。

如果不告诉你，你会认得这是同一棵树吗？难！难！！这，就是玩盆景的魅力所在。

经8年的培育制作，作品初具规模，文人风骨开始显现。

重点枝要取得好的节奏、韵律，要通过多次的逼芽选芽、剪蓄调矫才能完成。

3年间，换回小一号的观赏盆，管理的重点是逼芽短针，使作品逐渐成熟。山松、岗松，一顺一逆，遐想万千。

人的一生有顺有逆、有得有失，顺也好，逆也好，都要活下去。

"几多艰苦当天我默默接受，几多辛酸也未曾放手" "从来得失我睇透" 徐小凤的歌声在耳边回响，顺流、逆流……

图4-66　2007年培育8年树照

8年时间的前后对比

图4-67　俩相对比照

后枝，3 年后同前枝一起留取

顶枝 7 年取得 5 刀，现高度到位枝前后左右四歧分布

培育 3 年后第一刀

7 年第三刀，软长弧线，走位左前

5 年后取得第二刀，短剪求取纵深变化，走位左后

顶枝培育 3 年后留取前芽，后 4 年逼芽，开始造型，现枝线基本到位。走位右前

图4-68　8年间制作过程的具体分析

这是 2006 年选留枝
山松在生长旺季，枝壮旺时可独枝逼芽
这是 2007 年 9 月剪的群萌芽

这是 2007 年逼出来的选留芽

图4-69　逼芽、选芽的具体分析

图4-70　2008年培育9年树照

图4-71　2011年培育12年树照

图4-72　2014年培育15年树照

图4-73　2016年培育17年树照

红果《孺子牛》成型轨迹

红果别名巴西红果。桃金娘科番樱桃属，是树木盆景中既可赏骨架又可赏果的树种之一。

桩材分析 桩头径13厘米，飘长90厘米。顶托已剪蓄2节。

桩幼龄，可塑性强，因是小苗培育，有心作大悬崖造型，故干身的弯曲度，所定的托位都较为准确，干收尖顺畅，根板四歧。缺点是个别托位上盆后要进行调矫。

培育造型过程 从一小苗培育13年成为一上乘的悬崖桩，说难也不难，说容易也不容易，个中甘苦自知。

1年间重点培育尾梢和各枝托的侧枝，调整各枝托的空间走位，务使作品各枝托同步成型。

又经2年的蓄枝培育，各枝托的侧枝明显增多，尾梢也开始壮旺。在定点拍照时发现尾梢中部一枝走位不理想，上镜时呈正左枝态，犯眼，故剪弃，调整今后的枝走方位。

经一年的调整，改动的枝明显上镜，这就是定点修剪的好处。

一红果小苗，经19年的培育，方见现时成效，可见岭南盆景真的成型不易。作品同头双干，一大一小，正如公之背孙，此情此景正是"俯首甘为孺子牛"的最佳写照。

图4-74 这是由小苗在天台地上培育10年，2007年的树照

图4-75 树桩侧面照

图4-76　上盆3年即2010年树照

图4-77　2011年上观赏盆树照

剪弃左展枝
调整枝走方位

图4-78　2013年树照

图4-79　2014年树照

图4-80　2015年树照

图4-81　2016年"五一"展时树照

山橘《飞天》成型轨迹

该桩是1998年100元购进。

桩材分析

1. 左一托在桩高一半位置，正弯位出不好。

2. A、B段弯相等不雅。

3. 精华干段偏柔与硬直段不协调。

造型培育过程 这桩原是想利用左一的原托进行造型，由于构思未定，在盆中培育7年，方确定以《飞天》作主题进行改作。

改动后，增强了飞升的动感，左一托截弃后突出了干身原有的曲度精华。右一重点枝新培的枝线美感能充分展现。

6年间主要是对重点枝的枝线进行精细的造型，在力度和空间变化上下苦功，希望制作出一有代表性的拖枝来。

该作品头6年方案未定，走了些许弯路。现今树相飞扬犹如飞天之舞，还是一比较成功的作品。可见创作主题的确立，对作品的成败与否起着决定性的作用。

图4-83 拟作斜干拖枝造型的立位截桩

图4-82 2004年培育7年树照

图4-84 改作6年即2011年培育13年树照

图4-85　2012年培育14年上观赏盆树照

图4-86　2013年培育15年树照

图4-87　2015年放养两年培育17年树照

图4-88　2016年培育18年树照

两面针《九天揽月》成型轨迹

图4-89　这是1998年购进的桩

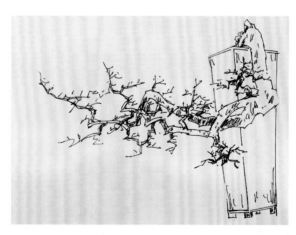

图4-90　当时绘制的成型设计图

图4-91　2002年培育4年树照

两面针也叫入地金牛，广东人取其意头好，故多喜爱。

桩材分析　桩成挂壁状，头径10厘米，双干横飘90厘米，干收尖顺畅，曲度好、根好、是一难得的好桩。一次性直接上盆培育。

造型培育过程　4年不动剪，大肥大水管理，新培的后续干基本同原截口相接。

两年前换上大一号高筒盆，继续增培尾干，经6年，尾干基本上达到心目中的长度要求。

8年间，新培尾干各剪两刀，其余各枝托最多的剪了3刀。尾梢按设计图，原定左展，要增加力度、空间变化，故先右展后再回缩取左向侧枝代顶才能达到预定的设计要求。

2007年秋回缩尾干，换上观赏盆，进行精细造枝。

2007—2009年重点是加密各枝托的细枝，对各侧脉进行细致的剪蓄调整，使枝线向"四美"靠拢。

2009—2012年4年间增粗各枝托，使枝线更具阳刚气质，调整作品的整体势韵，统一树姿，开始进入观赏期。

2016年作品基本成型。"可上九天揽月，可下五洋捉鳖，谈笑凯歌还。世上无难事，只要肯登攀！"

图4-92 2004年培育6年树照

图4-93 2006年培育8年树照

图4-94 2007年培育9年树照

图4-95 2009年培育11年树照

图4-96 2012年培育14年树照

图4-97 2016年培育18年树照

黄杨《泻绿》成型轨迹

图4-99　适当短截各干，但没一次截到位

桩材分析　这是一悬崖格桩。干径8厘米，飘长90厘米。干身收尖顺畅，有充足的原托可利用。根分主副两组，入盆弯位好。缺点是桩不够新鲜，约离土7天。

造型培育过程　因这桩离土时间较长，且又经海风吹袭，故一些本应截弃的枝托暂时保留，有待成活后再定。从图4-101可见，桩中一些原托果然没有成活。

从现桩相可见，桩属双干悬崖格，基本是光身桩，要培育多个枝托。

8年双干尾梢增长30厘米，粗2厘米，但干身仅逼出两新芽。根系非常发达，球结、密盆，树势进入旺生期（图4-103）。

将副干拉低，与主干势韵相同，统一双干走势，逐渐向成型方向靠拢。

经18年的培育方初见成效。绿树浓荫，新芽点翠，绿浪翻卷，好一派"泻绿"之意。

图4-100　截后上盆种植照

图4-101　1998年树桩成活照

图4-98　1997年购进的海岛瓜子黄杨

图4-102　2001年二次截桩照

图4-103 2005年培育8年树照

图4-104 2007年培育10年树照

图4-105 2009年培育12年，翻盆时树照

图4-106 2013年培育16年树照

图4-107 2015年培育17年缩剪后树照

图4-108 2016年参展时树照

石斑木《同胞兄弟》成型轨迹

石斑木分大、中、小叶三个品种。大叶种叶有粗锯齿，高大，适合作园林景观树。中、小叶种又有柳叶、圆叶之分，盆景以圆叶品种为好。其优点是灌木类，少直根，易成活，花多、叶小、叶形好、成型后较少缩枝。

桩材分析　图4-109是1998年3月购进的春花桩截后相。此桩叶形介于圆叶与柳叶之间，根平浅，为老树主干被砍作柴薪后重萌新枝桩。新枝壮、嫩、健康，桩整体相为双干矮大树形格。根、头甚佳，粗达20厘米，截后高40厘米左右。缺点是主干后位同头分出三直干，成林相，考虑到成型为矮大树形格，故短截化干为托。

造型培育过程　利用原有干，化干为托，左右开展，力求树相矮霸，枝形密结雄厚。

设计分析　取多边形构图，左右重点枝落点黄金位，布枝四歧。利用原主、副干左右托基发展的A、B托为底边，稳定整体骨架。主副干结顶右伸与右拖根成右弧势。树相稳重中求动感，求变化（图4-110、图4-111）。

从树照看，主干取得长足的高度，副干中新培干短截已取得二节，整体枝相对比设计图，主要是改动了主、副干新培干的走动方位，取书法行笔"欲右先左"之意，使干势出现力的变化。其余各托的留定，走向、占位基本与设计图相同。

从图4-113、图4-114图可见，作品正一步步向设计图靠笼。其中与设计图有差异的是拉高了主干，结顶右展势加强。

图4-115是放置到最佳观赏位置，准备上观赏盆进行成型前的细致定向修剪时，发现枝托走位存在的问题。对比设计图，主要是原设计图中的A、B、C、D四托枝的空间走位不理想，进行了较大的调改。①A托是右前位，设计图是由右后位生发到右前位，枝弯过大，结果发现枝线上镜后视感不好，故改主脉为右后位。②起用C枝为主干重点枝，枝走右前。③副干B枝改为前点枝与A枝互补。④D枝回缩与C枝成右争左让势。整体造型中主干下部枝密，副干下部枝疏，成右重左轻相。⑤原设计顶枝较中正，动感不强，起用侧脉作顶，原主脉右伸取势。

改动换盆4年后树照。枝的争让感、空间感增强。树相向心目中的方向发展（图4-116）。

2012年10月重剪，2013年1月新枝长3~5厘米，见花蕾，3月初现花，花近干身，树型紧结不散，是观花的最佳效果。

图4-119是2014年第一次参展前的树照。作品基本成型。年功显现，岭南枝法突出。主、副干紧密团结，结顶互照，树相统一。"兄弟手足，情深似海"，同胞兄弟的点题，使作品意境进一步深化。今后只要加密幼枝，调好前根将会有更好的效果。

图4-109 1998年春购进的成活桩

图4-110 当时绘制的造型设计

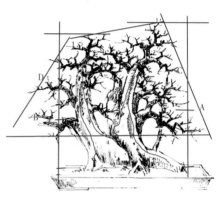

图4-111 造型设计分析

图4-112 2003年培育5年树照

图4-113 2004年培育6年改植换土后树照

图4-114 2006年培育8年树照

图4-115 2007年培育9年树照

图4-116 2011年培育11年树照

图4-118 2013年培育13年树照

图4-117 2012年3月初花 培育12年树照

图4-119 2014年培育14年树照

第五章 》

树木盆景的栽培管理
主要树种　配盆装饰

题名：春醉　树种：春花　作者：曾宪烨

树木盆景用土与栽培介质

树木盆景的用土因各地方习惯而不同。

育桩阶段、蓄枝阶段和成型以后对土壤的要求是有区别的。

育桩阶段　目的是使树桩成活。无菌，无污染，颗粒要粗，透气、保湿。最常用的是粗河砂、山砂。

蓄枝阶段　目的是使新培枝快速长粗长大。蓄枝即放养，所用培养土既要留住所施的肥料，又要排除过多的水分，还要有足够的空气能让树木尽量的多生根。而具有保水、保肥性质的粗颗粒土，就储有足够的空气使树根长得又粗又快。根系越旺盛，吸收的养分也越多，树也就长得越快，枝条才能早日达到心目中的要求。

火山灰、火山石：火山灰也叫水泡石，质比火山石轻。可选择吸水性好，容易碾碎的材料，用适宜的方法搞碎，然后过筛，米粒到大豆、花生之间大的用来作放养期培养土，米粒到粟粒之间大的用来作成型盆景用土。二者含有多种营养元素，是盆景用土首选。

高炉煤渣、煤球灰、腐烂透的锯末、各种植物腐叶土、河泥、塘泥，晒干后过筛，袋装备用。

碎砖块：碾碎的过筛的旧红砖、青砖。

晒干过筛的园土、山边土。按需要可混合使用。

成型阶段　因成型的盆景，只需要增加一些小枝或保持原状，不需要树木长出很粗的根（粗根容易生长徒长枝），而是需要树木多长出均匀的细根，这样树冠才能均匀地生长，保持优美的体形。所以要用细小一些的颗粒，大型盆景宜用绿豆般大的颗粒，中型盆景宜用碎米粒般大的颗粒，而小型盆景只宜粟米粒般粗的颗粒。因成型盆景是在观赏阶段，用土除了要保湿、透气外，还要注意用土的颜色是否和树木、用盆相协调，颗粒的形状是否美观自然。注意盆景用土的科学性，将会使您在养护盆景的过程中更加得心应手。

栽培介质　陶土、珍珠岩、泥炭、椰糠、甘蔗渣、树皮。

我近年育桩是60%珍珠岩、20%椰糠、20%河砂的混合体。

盆中蓄枝放养是50%珍珠岩、50%泥炭。

图5-1　珍珠岩

图5-2　泥炭

岭南盆景作业摘要

岭南盆景造型是从一芽开始，故对芽的认识非常重要。

芽的种类　长于枝条顶端的叫"顶芽"；长于枝的基部叫"腋芽"或"侧芽"；生长位置固定的芽叫"定芽"；其他位置的芽叫"不定芽"。

摘芽　将新发的芽摘心叫摘芽。目的是控制枝条徒长，促使营养物质向枝的基部集中，萌生腋芽，多用于松柏类。换盆后或树势弱的树不要摘芽，如果进行摘芽，则大部份的侧芽、腋芽不容易长出来，反而破坏树形，使树更弱。一般强势枝要比弱势枝提早15天左右摘芽，让二次芽提早长出，这样才能使全树的树势平均。

摘侧芽　杂木树桩在每次剪定、脱叶后，都会在剪口的位置萌发新芽，这萌发的新芽可以是多个，这时，就要选留今后对枝线有用的芽，叫摘侧芽或选芽、留芽。

剔芽、抹芽　目的与摘侧芽相同，只不过是当芽长到米粒大小时，用一小棍把多余的芽剔除或抹掉，只留一芽。最适合芽眼密的树种如雀梅、九里香、朴、榆等。

疏叶　把枝条上的叶片摘除叫疏叶。目的是防止枝条徒长，促进腋芽萌发。更重要的是平衡各枝条的光照使全桩日照均衡，使靠近根部的枝增粗，树冠的枝变细，整体树势强旺。

疏枝　疏枝与疏叶作用相同。枝条在放养阶段会萌生多量的侧枝，在一定的时候可选留枝的基部今后有用的侧枝，并顺角到预定的枝走方位，定为今后剪定的下一枝节，其余的可适当剪除。疏枝也是均衡各枝同步成型的主要方法之一。减少强势枝的叶面采光量，加大弱势枝的叶面采光量，从而平衡整体树势。

调枝　调枝也叫顺角。作用是使枝条按照作者既定的方向、位置生长。当新枝生长一段时间，半木质化或木质化时，用牵拉、缠绕等办法，把枝调适到预定的生长方位叫调枝。

调根　在改植换土时，把原根截口上新萌生的杂乱根理顺、归组，压低以利今后根盘观赏叫调根。

洗根　树桩改植换土时，用水把根部的泥土冲净，理顺后再用新土种植叫洗根。其作用是有利于观察根的生长状况，也利于根的再次生发。

剪根　洗根后，一些过长的根、退化根、有病害的根都要剪除。一些与徒长枝相

图5-3　摘侧芽

应的根更要多剪。目的是为了平衡树势。根生长平均的树桩，地上的树势也相应均一，枝、芽、叶才会整齐美观。

翻盆换土　根为了吸收养分和水蒸气在夜间不断生长，树桩在有限的盆土中生长了相应长的时间，根会满盆，盆中的土会老化，失去原有的团粒结构，土壤中的固相、液相、气相失衡，根会老化，不长新根，树势就会衰弱。这时就要翻盆换土。

重剪　当新培育的枝条达到了心目中预想的粗度时，在合适的季节时间内一次性地截剪到位，取得需要的枝节叫重剪。

轻剪　平时为了抑制枝的生长速度，均衡树势，剪除枝的部分而不剪到位叫轻剪或抑剪。

剪定　成品、半成品每年按时进行心目中造型的定型、整姿叫剪定。

脱衣　剪定后将所有叶片摘除，以利于观赏叫脱衣。

换锦　脱衣后，新芽萌发，生机勃勃叫换锦。

定点修剪　每一件作品只能有一个最佳观赏面和最佳观赏角度，也就是拍照时的最上镜位置。这一位置就是定点修剪位置。每一次的剪定最好都要回到这一位置进行观察修剪，作品才不会变形并越来越好。

芽接　理论上讲岭南盆景的所有树种都可以通过芽接获得所需要的新芽。

现就最常见的罗汉松芽接，讲下具体操作过程：

芽接的要点是对接形成层。

以李立均先生的罗汉松芽接示意（图5-6至图5-14）。

该桩已培育多年，但因造型方案未定，品种叶形过长，间节疏，准备芽接改换品种、确定造型方案。

把接穗用嫁接胶布封好，不要让雨水渗入，按需要将所有接穗嫁接到干身上。

值得注意的是，选取的接穗最好是枝条中将萌而又未萌的顶芽，壮，芽头多，一成活即可获得横向芽，有利后续枝的选择。

一般10天可知成活。20天后如果见到接穗芽头增大，可适当在封好的胶布上开几个气眼，不让芽头闷坏。30天后可解开卷叶的胶布，但封刀口的胶布不动，直到接穗伸长稳定生长后方可解除。

玩盆景最重要的一点是人的主观因素，要让盆景按照作者的意图发展、成型，而不是让盆景玩人。掌握好芽接技术，则一些没有芽的枝干都可以获得新芽。

图5-4　芽接用的工具

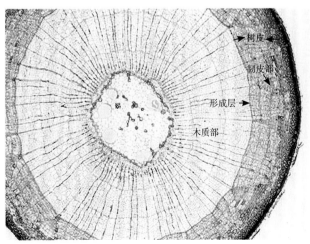

图5-5　形成层

图5-6　李立均先生的罗汉松

图5-7　截桩分析

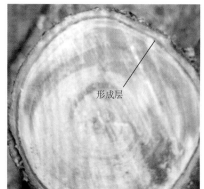

形成层

图5-8　截后可明显确认的形成层

接穗中的形成层

图5-9　刀削接穗后见到的接穗中形成层

用刀纵向开一与接穗大小一至的口，深达木质部

图5-10　砧木的切口与接穗大小一致

用刀尖挑离形成层

图5-11　用刀尖小心挑开砧木中的形成层

把削好的接穗插入，直达切口底部

图5-12　把接穗插入，直达切口底部

图5-13　嫁接完成

图5-14　成型设计图

图5-15　山橘芽接

图5-16　芽接成活的山橘新芽

图5-17　芽接成活的山松新芽

图5-18　芽接成活的罗汉松新芽

岭南盆景主要树种

罗汉松

罗汉松，罗汉松科罗汉松属。常绿乔木。叶螺旋状互生，条状披针形，两面中脉显著，雌雄异株。广东最早花期2～3月，种子广卵形或球形，6～7月成熟，初为深红色，后变为紫色，有白粉；其种子似头状，种托似袈裟，全形宛如披袈裟之罗汉，故而得名罗汉松。罗汉松属亚热带树种，原产云南。喜湿润而排水良好之砂质壤土。现全国各地均有栽培。罗汉松有大、中、小叶之分，红芽绿芽之别。

海岛罗汉松是罗汉松中的一个变种，其优点是：①萌芽率特高，干、枝充满不定芽，同一点位置可萌群芽，即使用剪刀弃除，用刀削平芽基同样还可多次重萌新芽。②叶形好，硬直、坚挺，不软垂，一般宽1厘米左右、长6厘米左右，属中叶品种；顶芽呈菊花芯状，有嫩绿、赤红两种；壮叶色墨绿、革质、光亮度高。③枝条柔软，2～3厘米的中型枝都可软弯、可屈折，

可塑性强。④生长速度适中，喜光照也耐阴，爱水贪肥少病害，在家庭盆培情况下都可培育到粗枝托。⑤木质坚硬、皮厚微香、再生能力强、愈伤性能好，大截口同样可愈合成"马眼"状，极少崩、烂现象出现。⑥根系发达，有根瘤菌，可自身固化肥料，即使在管理不当的情况下也不容易"缩枝""变型"。⑦生命力强，寿命长，可剪可蓄，可多代留传。

育桩阶段 罗汉松的最佳采挖时间是小寒后立春前。育桩最好用生长处原封土。其次是无菌的粗河砂。现在最可靠的办法是桩身接枝、接根，成活率可大大提高。

蓄枝阶段 树桩成活后让枝疯长，大肥大水，促使根系健旺。一年后进行疏枝、定托、顺角。直到枝粗达到要求时才进行重剪，取得第一枝节。以后重复作业。

成型阶段 当新培枝蓄剪有4～5节枝时，作品基本骨架已定即可进行细致的芽、枝、叶制作管理。罗汉松带叶修剪后有在枝的末梢萌芽的习性，只有当枝相当旺壮时才能在枝的基部萌新芽。一般像杂木样，在枝上选留2～3芽，1年后重复作业，直到细枝密集，树姿统一。

成型后的养护 保持作品不变形，更健康、更成熟。随时疏枝、疏叶、摘心。适时翻盆换土，让叶面丰满、树形紧凑。

病虫害防治 罗汉松病虫害较少。只要是蚜虫，一般的杀虫剂即可对付。比较麻烦的是叶枯病，新梢叶片的尾端枯死。可用代森锌类杀菌药如代森锰锌，或拿敌稳，7天喷杀1次，连续3次，则可治好。

图5-19 绿芽海岛罗汉松

图5-20 红芽海岛罗汉松

山橘

山橘又名东风橘、酒饼簕。芸香科山橘属。常绿灌木或小乔木。热带、亚热带树种，广东、广西、台湾等地多有分布。

山橘的最大特点是耐阴、耐干旱贫瘠，生命力强，即使虫镂蚁蛀，仅剩一层皮，也能枝繁叶茂。萌芽率强，幼枝、多年老枝都可萌芽，截口的顶端也能萌发不定芽。萌芽多成簇，出枝角度以硬角居多，极得枝线阳刚之美，是继雀梅之后最能显现岭南枝法的树种之一。山橘寿命长，作品成型后不容易缩枝，保型时间长，随着年功的增加，树相越来越老劲，越看越耐看。

育桩阶段　山橘喜阳、喜温暖。采挖的最佳时间是立春后清明前。山橘截干、截根都要一次性截到位，如果成活后再进行二次截根截干往往有失桩的可能。立春后的树桩，粗河砂种植后直接置阳光下，提升土温，以利新根萌发。保持干身湿润，一般20天可见新芽。山橘有座桩现象，即半年都不见新枝生长，原因是不长新根。这时抢救办法是，把桩起出，清水冲洗后，如果烂根，可重新截弃，如果根口见肉芽（形成层细胞分化）可不动，重新改用新培育土种植，一般都能救活。

蓄枝阶段　山橘成活后，当年一般不疏枝，第二年春，疏枝、定托、顺角后，大肥大水管理，促使根系发达。山橘生长速度适中，较难像朴、榆等速生树种可培育到粗枝托。但，2~3cm的枝粗还是容易培育到。山橘的重剪时间性强，立春后气温回升时最好。重剪前半月要控肥控水，重剪后要注意根与叶的平衡关系，保证新芽健壮成长。山橘不宜多动，不可像雀梅等树一样，2~3年翻盆改植一次，一般情况下，只要生长正常，在取得枝线的2~3节前不动它，如果一改动，当年基本上是树势恢复期，很难得到枝粗。

成型阶段　当新培枝枝线达到4~5节后，可上观赏盆进行精细的严格的造型管理。山橘不容易培育幼枝，上盆后的树也不可大肥大水管理，如果肥水过足，枝的间节过长，则不能达到幼枝细密的效果。山橘一年只能修剪一次，过多修剪会使树势衰弱。山橘每年春秋二季开花，花后挂果，要适时摘除，不让空耗养分。

成型后的养护　作品成型后，如果不参展，一般情况下要让树桩有一生长期，积聚营养，保持旺盛的生命状态。1~2年修剪一次，如果控制得好，一年的枝只生长1~2厘米，作品不变形，叶片变小，针簕退化消失，年功越足，作品越有魅力。

病虫害防治　山橘虫害最主要的是钻心虫，天牛成虫在干身上产卵、孵化幼虫，中空枝条干身，让枝枯死。立春后可将气味大的挥发性强的农药用小瓶装一点，开小孔，挂树上，让药味挥发出来，阻止天牛靠近产卵。也可盆土放置呋喃丹，让树桩吸收，毒杀幼虫。平时多注意枝条、树干，一发现有虫粉，即依虫粉找出虫眼，用注射器吸取少量稀释农药，依虫眼注射进去，封死虫眼，即可杀死幼虫。叶面上的"地图"是潜叶蛾作怪，用阿维菌素在刚萌出新芽时喷施，就可起到防治作用。

图5-21　山橘

九里香

九里香，芸香科九里香属，灌木或小乔木。别名七里香、千里香、万里香、过山香。株姿优美，枝叶秀丽，花香浓郁。根、茎、叶所含化学成分与千里香类同，入药。产台湾、福建、广东、海南、广西等地南部。叶有小叶3~7片，小叶倒卵形或倒卵状椭圆形，两侧常不对称，长1~6厘米，宽0.5~3厘米，顶端圆或钝，有时微凹，基部短尖，一侧略偏斜，边全缘，平展；小叶柄甚短。花序通常顶生，或顶生兼腋生，花多朵聚成伞状，为短缩的圆锥状聚伞花序；花白色，芳香；萼片卵形，长约1.5毫米；花瓣5片，长椭圆形，长10~15毫米，盛花时反折；雄蕊10枚，长短不等，比花瓣略短，花丝白色，花药背部有细油点2颗；花柱稍较子房纤细，与子房之间无明显界限，均为淡绿色，柱头黄色，粗大。果橙黄至朱红色，阔卵形或椭圆形，顶部短尖，略歪斜，有时圆球形，长8~12毫米，横径6~10毫米，果肉有黏胶质液，种子有短的棉质毛。花期4~8月，也有秋后开花的，果期9~12月。

九里香是岭南盆景传统树种。多为家种实生苗桩，老桩形态奇特，板根劲健，

图5-22 九里香

生命力强，即使树身中空，百孔千疮也枝繁叶茂；花白如雪，香味浓重；红果繁密，色彩鲜艳；时值新春佳节，集脱衣、换锦、观花、观果四相于一身，十分难得。野生的常见有大叶尖尾的七里香、海南的芸香。

育桩阶段 九里香一般宜带泥移植，时间最好是清明前后。培育土以7份河砂，3份红泥的混合土为好。置阳光下，在饱和的空气湿度、强烈的日夜温差条件下能提早萌芽，促发新根，有利成活。一般20天见新芽，当新梢底部变白，枝条半木质化时，表明树桩已萌新根，成活在望。当年不疏枝定托，第二年开春后，疏枝、定托、顺角，进入蓄枝阶段管理。

蓄枝阶段 薄肥勤施，一任枝条疯长。惊蛰后立冬前是生长旺季，只要管理得法，很快就能看到枝粗。每年重复作业，直到枝粗达到心目中的要求，才在春季重剪，取得第一枝节。九里香萌群芽，选留合适的一芽，其余剪弃。反复作业，当枝条剪蓄有4~5枝节时，即可上观赏盆进行精细造型管理。

成型阶段 改植换土上观赏盆后，要适当控肥控水，让枝间节紧密，要定点修剪，调整各枝托的空间走位，尽量使作品更上镜。成型阶段作业的重点是增加横角枝的数量，根据树桩和生长状况一年修剪一次或两次。疏枝、疏叶、摘心、平衡树势，调整枝线，让枝线的节奏、韵律更出色。每3~5年翻盆换土一次，调改根系，裸露板根，为参展做准备。

成型后的养护管理 作品成型后进入观赏期。管理的重点是使作品健壮生长，不变形，不衰退。可适当控肥控水，适时预留替换枝，剪除老枝弱枝，适时翻盆换土以保证作品生命强旺。

病虫害防治 九里香多有白粉病，可用三唑酮、石硫合剂喷治，介壳虫用速扑杀，效果较好。天牛防治方法与山橘同。

山松

山松也叫马尾松，松科常绿乔木，叶2针一束，鲜绿色，柔软，较长；枝细长，可塑性强；树干起龟甲鳞，形同锦松，给人极强的欣赏美感。性喜阳光直晒，耐干旱贫瘠，喜排水良好的酸性土，生势健旺，把握好时机，用逼芽的方法，同样可进行截干蓄枝的岭南枝法。全国各地多有分布。

山松生长速度快，容易培育到粗大枝条，枝条柔软，可塑性强。树形怪异，可有多种不同形格。意韵高雅，可表达多种不同的情感。

育桩阶段　山松的采挖以大寒前、蜡烛芽未曾开展时为好。采挖时要留比树干大6倍的原土，剪、锯断的枝口、根口要用火烧或涂抹白糠灰，使伤口不溢胶才能提高成活率。山松是速生树种，生长速度很快，我一般都是用3厘米左右干径的小桩从一芽开始，改作盆景，边放养边造型10多年后干径都超过10厘米，且容易逼到造型需要的近身芽。剪蓄方法基本与杂木相同。

育桩以半沙半红泥的酸性混合土较好，如果是小桩，成活率在90%以上。植后置阳光下，一次足水后，植土半干后才可再次浇水。最忌水多烂根。

蓄枝阶段　树桩成活后，选留一靠近桩的基部壮芽，有目的地让这一芽疯长，边长边逼芽边造型，保留原桩的顶枝作为牺牲枝，几年后，当桩的干径达到自己造型的预定粗度时，才截弃顶干。山松只有在有松针的地方和嫩枝的地方才有可能萌发新芽，老干、老枝是不可能像杂木样随处萌芽的。要在预定的部位得到新芽，可保留该处的松针，将上面的少部分松针拔弃，让营养积聚到该萌芽的松针部位上，以后适时剪弃上部，很容易就能逼到需要的新芽。像杂木一样当枝达到需求时，在休眠后期进行重剪，取得需要的枝节，反复作业，直到作品半成型。

成型阶段　成型阶段的管理只要是均衡树势，长密幼枝。具体方法如下：①强势芽：3月中旬摘去芽顶80%，6月上旬把所余芽基新萌的叶全部剪除，6月下旬把新萌二次芽疏去部分，留2芽，10月下旬抽光芽头旧叶，11月上旬留3~4对新叶，多余拔去。②普通芽：3月中旬摘新萌芽30%，6月上旬把新萌叶全部剪除，6月下旬疏新萌芽，留2芽，10月下旬抽光旧叶，11月上旬留5~6对新叶。③弱势芽：3月中旬芽笋全留不摘。5月下旬把新萌叶全剪，10月抽光旧叶，11月上旬留5~6对新叶。④衰弱芽：3月中旬留芽不摘。6月上旬剪新芽1/2，11月上旬把伸长的新叶对比其他叶长度剪统一。

每年重复作业，直到树势均衡，枝繁叶茂。

成型后的养护　成型后的养护主要是保持作品不变形、不衰退。可适当减少肥水的分量、次数，以保持作品正常生长为度，每次新芽萌发后进行摘心、逼芽，促使松针变短、增粗，树冠茂密，树相浑雄。

病虫害防治　家养山松主要的病害是溢胶。每次剪后剪口要用白糠灰或锡纸封口。减少溢胶可能。

图5-23　山松

雀梅

雀梅别名酸味，鼠李科雀梅藤属。藤状或直立灌木，小枝具刺，叶互生或近对生，褐色，被短柔毛，有大、中、小叶品种。通常椭圆形、矩圆形或卵状椭圆形，长1~4.5厘米，宽0.7~2.5厘米，顶端锐尖、钝或圆形，基部圆形或近心形，边缘具细锯齿，上面绿色，无毛，下面浅绿色，无毛或沿脉被柔毛，侧脉每边3~4条，上面不明显，下面明显凸起，叶柄长2~7毫米，被短柔毛。花无梗，黄色，有芳香，通常数个簇生排成顶生或腋生穗状花序。核果近圆球形，直径约5毫米，成熟时黑色或紫黑色，具1~3分核，味酸；种子扁平，二端微凹。花期7~11月，果期翌年3~5月。

雀梅根干自然奇特，树姿苍劲古雅，以中、小叶品种为好，是岭南盆景主要树种之一。性喜温暖、湿润气候，不甚耐寒。适应性强，对土质要求不严，酸性、中性和石灰质土均能适应。耐旱，耐水湿，耐瘠薄。喜阳也较耐阴。根系发达，萌发力强，耐修剪。常生长于山坡路旁、灌木丛中。

雀梅原产中国长江流域及东南沿海各地，日本和印度也有分布，为亚热带适生树种。

育桩阶段 雀梅多来源于野生桩，采挖以大寒后清明前较好。雀梅喜微酸性土，育桩最好选取山边的半黄泥沙土，力求疏水、透气，河沙次之。有经验者只要掌握好光照、湿度、温差三者之间关系，成活是不难的。

蓄枝阶段 雀梅粗生快长，成活后即可施薄肥，加速新芽伸长，树桩稳定生长后即可进行疏枝、定托，进入常规的大肥大水管理。具体方法是：惊蛰到小暑期间可实施"三日一次小肥，七日一次大肥"，用肥的浓度呈直线上升，小暑前达到高峰。大暑前适当减肥，梅雨期后，盆面增施固形肥。立秋后回复到以前管理，适时疏枝疏叶，保持生长旺势。小雪后停肥，完成一个生长周期的管理。第二年萌芽前重剪，取得枝节。每年重复作业，直到作品半成型。

成型阶段 雀梅容易蓄枝，一般的桩5~6年后都可取得4~5节枝，可上观赏盆。

雀梅宜3年翻盆改植一次。在培育幼枝阶段，一年可重剪2次，3~4年间就可取得繁密的幼枝，进入观赏期。值得注意的是要多留内膛枝，控制枝的横展幅，保证枝条均衡生长，统一成型。

成型后期的养护 作品成型后要保持作品不老化，除了翻盆换土外，还要选留壮枝替换老化枝，才能减退"功成身退"的时间，延长作品观赏期。有条件的可重新下地复壮，从头来过。

病虫害防治 雀梅最主要的病害是锈病，可用秀芬宁治理。

图5-24 雀梅

榕树

榕树也叫细叶榕，桑科榕属。树高达20~30米，胸径达2米；树冠扩展很大，具奇特板根露出地表，宽达3~4米，宛如栅栏，有气生根，细弱悬垂及地面，入土生根，形似支柱；树冠庞大，呈广卵形或伞状；树皮灰褐色，枝叶稠密，浓荫覆地，甚为壮观。叶革质，椭圆形或卵状椭圆形，有时呈倒卵形，长4~10厘米，花序托单生或成对生于叶腋，扁倒卵球形，直径5~10毫米，全缘或浅波状，先端钝尖，基部近圆形，单叶互生，叶面深绿色，有光泽，无毛，隐花果腋生，近球形，初时乳白色，熟时黄色或淡红色，花期5~6月，果径约0.8厘米。果熟期9~10月，果子很小，好像一粒一粒的小球，成熟时，会由绿色变成红色。是小鸟最爱吃的食物。

榕树多生长在高温多雨的气候潮湿、雨水充足的热带雨林地区。主要分布于广西、广东、海南、福建、江西赣州、湖南永州及郴州部分县镇、台湾、浙江南部、云南、贵州等地。印度、缅甸和马来西亚也有分布。榕树是岭南盆景中的常见树种。因其桩材容易获得，四季长青，根板劲健，故多为人们喜爱。

育桩阶段　细叶榕多为野生桩，采挖时间最好在春分后立夏前。中、小型桩也可直接从大树上截取进行扦插。如果作附石树材，可用小苗直接依附石上，几年后即可获得浑然一体的效果。细叶榕萌芽力、萌根力特强。新桩的枝干、根可一次性截到位，无用的大枝、干可用刀斧雕刻整形。置阴湿背光的地方，用禾草破布覆盖保持根干水分，一般20天可见新根。此时可假植于地，对泥土要求不严，成活率极高。

蓄枝阶段　细叶榕生命力强，生长速度快，树桩成活后，即可进入常规管理。疏枝、定托后一任枝条疯长。即使是特大型桩，也较容易培育到粗枝。细叶榕容易萌生气根，对于一些有缺陷的部位，通常可通过引发气根作出纠正，制作出完美的树相来。

成型阶段　作品经假植蓄枝，基本成型后可上观赏浅盆进行细致造型。细叶榕适宜作浑雄树相的造型，即常说的古榕形格。成型阶段管理主要是加密横角枝。每年可在清明后，中秋前二次修剪，脱衣换锦，促使幼枝密集，叶片变小。根板是细叶榕的观赏重点，可通过每次的翻盆改植，将根像蓄枝一样整改、修剪，一级级收细，从而得到满意的艺术效果。

成型后期养护　作品成型后进入观赏保养期。如果不参展，作品就让它有一生长周期，完成营养的积聚。一年修剪一次，脱衣换锦，调整树姿。每次修剪萌芽后可进行摘心，既可保持树形不变又使叶片变小。随时控水控肥，以保证作品的正常生长为度。细叶榕抗污染能力强，室内摆放时间长，在会场、宴厅能起到很好的装饰效果。

病虫害防治　榕的主要虫害有红蜘蛛、介壳虫、蓟马。蓟马将卷叶摘除销毁即可。红蜘蛛个体比较小，一般危害部位为叶片的背面，是由于通风不良、空气干燥所引起，可全株用大水冲洗后喷施螨类专杀药剂即可，如螨净、克螨等。介壳虫危害部位以茎干、叶柄等处为多，大小、颜色不同，形状上有圆形、椭圆形等，一般不移动，但危害性较大，需要及时防治，可用牙刷刷除或抹布擦拭干净，也可喷施洗衣粉、风油精0.2%的溶液进行防治，或喷施杀扑磷等农药进行防治，效果皆良。

图5-25　细叶榕

三角梅

三角梅又名九重葛、三角花、叶子花。紫茉莉科叶子花属。为常绿攀缘状灌木。枝具刺、拱形下垂。枝叶生长茂盛，叶腋常有刺，亦有无刺之品种。单叶互生，卵形全缘或卵状披针形，被厚茸毛，顶端圆钝。花顶生，花很细、小、黄绿色，常3朵簇生于3枚较大的苞片内，花梗与药片中脉合生，并没有很明显的花瓣，小花为小漏斗的形状，是其花被，是保护花蕊的组织，花瓣内有七、八枚雄蕊与一枚雌蕊，虽然有少部分会结种子，不过绝大部分都不会结果，所以繁殖方法还是扦插繁殖法为主。喜温暖湿润气候，不耐寒，耐高温，怕干燥。在3℃以上才可安全越冬，15℃以上方可开花。喜充足光照。对土壤要求不严，在排水良好、含矿物质丰富的黏重壤土中，耐贫瘠、耐碱、耐干旱、忌积水，耐修剪。三角梅原产于南美洲的巴西、秘鲁、阿根廷。在20世纪50年代，南方各地的植物园和北方大城市的展览温室内逐步大量引种栽培，现全国各地普遍均有栽培。

育桩阶段 叶子花多属家培，园头地边常可挖到大型桩选。最佳采挖时间是惊蛰后立夏前。叶子花根不发达，脆嫩，少板根。萌芽、萌根性强，很容易移植成功。

图5-26 三角梅

树桩采挖后一次性截到位即可用粗河砂假植，置阳光下，保持干身湿度，20天后即萌新芽，30天后可见新根。

蓄枝阶段 叶子花干身充满不定芽，新萌的壮芽可达1厘米粗，当新根稳定生长，疏枝定托后，即可进入常规的大肥大水管理。用竹杆固定有用的枝条，让它无限制地向高空延伸，争抢光热，一个生长周期最粗可培育到5厘米的枝粗，所以即使是特大的截口，基本上2~3年可培育到相接的枝粗，取得第一枝节。值得注意的是在重剪时要选定芽位，尽量短剪以利今后枝线变化。叶子花对过于强旺的枝可独枝修剪，但剪后枝生长势弱，也可抑剪，从而平衡各枝势，促使各枝同步成型。蓄枝阶段最好是惊蛰后重剪，平时对枝进行局部抑制，尽量让各枝生长平衡，萌芽统一。

成型阶段 当新培枝剪蓄有4~5节后即可上观赏盆，增密幼枝，进行细致造型。叶子花须根发达，上盆后可适当控肥控水，促使枝条老化，间节短密，才能取得细密的幼枝、完善树形。每年立春后夏至前进行二次重剪，促发侧枝，加密树冠，并重复上一生长周期的管理，直至作品成型。

成型后期养护 叶子花成型后可促花，以赏花为主。惊蛰后到7月可反复短剪，控肥控水，促使新枝间节短密，1年的生长量控制在2厘米内，各枝长度统一、枝型紧凑。进入7月高温开始控水，每次控水务使枝叶软垂，泥土干裂然后回水，一般经3次控水后叶片基本脱尽，叶腋可见花芽，花期长达3月余，花团锦簇、欣欣向荣，适逢中秋、国庆，应节准时，喜庆吉祥。第二年让树恢复树势后重复作业，可年年赏花。

病虫害防治 常有叶斑病为害，用50%~60%代森锌可湿性粉剂600倍液喷洒。害虫有刺蛾和介壳虫为害，用0.25%敌杀死乳油5000倍液喷杀。

红果

红果也叫巴西红果。桃金娘科番樱桃属。常绿灌木或小乔木。分布于热带美洲，各洲热带均有引种。叶对生，单叶，卵形至椭圆形，长7厘米，背面灰白色，表面叶脉凹入明显，叶柄短，花单生，白色，直径1.5厘米，有香气，果卵球形，有8条纵沟，直径3.5厘米，黄至红色，可食亦可观果。

红果，作为岭南盆景树种，是由陆学明大师引进的。既可赏花亦可赏果，还可赏骨架，是岭南盆景中的优秀树种之一。

育桩阶段　红果桩材的主要来源是家培。种子繁殖、根插繁殖都可。大桩的采挖以立春后至清明前天气回暖较好。红果芽眼密集，萌发力强，发根速度快，基本上可一次性截到位，用粗河砂培育，放置阳光下，20天萌新芽，30天可见新根。成活率高。

蓄枝阶段　树桩成活后一任枝条疯长，中秋后疏枝、定托、顺角。常规的大肥大水管理。红果根系发达，喜水喜肥，在湿度大的环境下生长快，不难培育到粗枝托。红果叶对生，要获取美满的枝线，对生枝只可选其一。也可采用选定侧枝和牺牲枝的办法，较快地取得枝节。红果剪节容易像鹤脚膝关节一样肿大，不雅。下剪时要注意深剪，愈合后枝线才会美观。

成型阶段　中小桩经4~5年的蓄枝养护，作品枝节达到4节即可上观赏盆。立春后重剪、修根，翻盆改植。30天后，新芽、新根稳定生长后，即可进入常规管理。重点是加密幼枝。红果水肥过足会使间节增长，所以要适当控肥控水，逼使间节短密，剪后才可能达到密枝效果。

成型后期养护　作品成型后，可开始以赏果为主。8月是红果的花芽分化期，应适当控制浇水，增施磷钾肥。红果具有边开花、边结果的习性，为了使果实大小均匀，尽量保留同一批果子，当果子达到所需的数量时，可将剩余的花蕾剪掉，把小果、弱果、过密果疏除，以使果子大小统一。当果子稳定后，应增加磷钾肥的用量，可每7天左右喷施1次0.2%的磷酸二氢钾溶液。到2~3月，果实成熟，这是红果的最佳观赏期。如果时间掌握好，春节挂果，红红火火，喜气洋洋，吉庆满堂。

病虫害防治　红果病虫害少，可见蚜虫为害，一般的农药即可治理。

图5-27　红果

榆树

榆树是岭南盆景常见树种。榆科榆属落叶乔木。幼树树皮平滑，灰褐色或浅灰色，大树之皮暗灰色，不规则深纵裂，粗糙，小枝无毛或有毛。叶椭圆状卵形等，叶面平滑无毛，叶背幼时有短柔毛，后变无毛或部分脉腋有簇生毛，叶柄面有短柔毛。花先叶开放，在生枝的叶腋成簇生状。翅果倒卵状圆形。花果期3~6月。分布于中国东北、华北、西北及西南各地。广东用作制作盆景的是家榆，即驯化的园艺品种。

育桩阶段 榆树多为家种桩。采挖时间以大寒前后最适宜。可裸根采挖，短截根干，根部不能用水浸泡，即使相隔2~3天后种植也能成活。相反，如果根部一经长时间水浸，树液外流，则必死无疑。育桩用河砂，常规管理，成活率在95%以上。剪截下的根可选形好的进行扦插，是制作附石式的上好桩材。

蓄枝阶段 榆树生长速度快，当树桩稳定生长后，即可进入大肥大水的常规管理。中秋前后疏枝、定托、顺角，一任枝条疯长，每年重复作业，直到达到预定枝粗才重剪取得第一枝节。反复进行。每年立春前，夏至后可进行重剪，一般的中小型桩，4~5年可基本定型。

成型阶段 当作品剪蓄有4~5节枝，即可上观赏盆。大寒后重剪，立春后芽眼饱胀时翻盆改植。30天后发新根，进入常规管理。管理重点是加密横角枝，促使树形丰满。适当控肥控水，让枝线间节短密。每年大寒后夏至前进行二次脱衣换锦，促发侧枝，反复进行，直到作品成型。

成型后期养护 作品成型后，可适当控制水肥，以保持作品正常生长为度，每年重剪2次，3~5年对枝条回缩更新一次，3年改植换土一次，则可保持作品不变形，并日益完善。

病虫害防治 榆树常见虫害有尺蠖、介壳虫，可用速扑杀按使用说明喷施。不可用乐果，否则引起落叶，影响生长。

图5-28 榆树

朴树

朴树，岭南盆景常见树种。榆科朴属，落叶乔木。叶多为卵形或卵状椭圆形，叶柄长约1厘米。雄花簇生于当年生枝下部叶腋，雌花单生于枝上部叶腋，1～3朵聚生。核果近球形，单生叶腋，红褐色，直径4～5毫米，果柄等长或稍长于叶柄，花期4月，果熟期10月。熟时橙红色，核果表面有凹点及棱背，单生或两个并生。喜温暖干燥。

产山东（青岛、崂山）、河南、江苏、安徽、浙江、福建、江西、湖南、湖北、四川、贵州、广西、广东、台湾等地。

育桩阶段　朴树多为野生桩。采挖时间大寒后、立春前新芽未萌动时最好。可裸根采挖。用粗河砂种植，管理方法与其他杂木相同。一些大桩、特大桩，只要时间适当，管理得法，成活率还是较高的。

蓄枝阶段　朴树是速生树种，生长速度与榆树相差不大，可培育到粗枝托。树桩稳定生长后，常规管理，中秋前后疏枝、定托、顺角，一任枝条疯长，每年重复作业，直到剪蓄有4~5枝节后，方可上观赏盆。

成型阶段　朴树上盆后，注意肥水管理，如果肥水量过大，枝间节过长，则达不到蓄密幼枝的效果，而且枝很容易比例失控。适时控水控肥、疏枝、摘心，一年重剪2次，幼枝很快就能丰满，进入观赏期。

成型后期养护　作品成型后，重点是保持作品不变形、不缩枝。3年改植换土一次，更新尾梢枝条一次，则可保持作品长旺不衰。

病虫害防治　朴树多有白粉病，用硫黄、多菌灵合剂就有较好的防治效果。

图5-29　朴树

黄杨

黄杨别名千年矮，黄杨科黄杨属。常绿灌木或小乔木，高1～3米。茎枝呈四棱。叶椭圆形或宽倒卵形，革质、对生，钝头或顶上微凹缺。夏末初秋开花，雌雄同株，簇生。近球形的蒴果，短角状突起，果熟期7月，熟时裂为三瓣。主要产地在安徽、浙江、江苏、河南、山东等地。生长于海拔1200~2600米的地区，多生于山谷、溪边和林下。广东沿海岛屿多有分布。耐阴喜光，在一般室内外条件下均可保持生长良好。长期荫蔽环境中，叶片虽可保持翠绿，但易导致枝条徒长或变弱。

育桩阶段 黄杨多为野生桩，广东沿海一带都有分布，常与热带罗汉松一起，形状怪异，是上好的盆景桩材。黄杨根系

发达，成活率高。采挖时间以大寒后清明前为好。黄杨不容易蓄枝，生长缓慢，较难培育到粗枝托。所以选桩时要注意选取有自然枝爪的桩为好，可节省不少的培育时间。粗河砂育桩，30天见新芽，60天见新根，半年才稳定生长。

蓄枝阶段 黄杨喜半阴湿润环境，萌芽率强，生长速度慢，不且施浓肥，忌积水。一般常规管理下，3~4个生长周期，才可培育到1厘米的枝粗，故不宜像杂木一样进行蓄枝，可采用半岭南、半北派的方法，剪扎结合，以赏叶和整体树冠为主。黄杨枝条硬脆，不容易弯曲整形，只能在嫩枝时蟠扎。黄杨有夏眠习性，大暑前后要停肥，放置通风的环境，安全渡夏。立秋后开始回复生长，开花，花多、密结，要摘花果，不让空耗营养。

成型阶段 黄杨半成熟后可上观赏盆，因黄杨根系发达，用盆且稍大、稍深才能减少翻盆的次数，让作品生长周期长些。一般中小桩3~5年翻盆改植一次。平时注意疏枝疏叶、摘心，促使枝叶茂密。适时施肥浇水，则会有好的结果。

成型后期养护 作品成型后，尽量按照岭南的技法进行枝条更新，达到既可赏骨架、赏枝线又可赏叶的艺术效果。按时摘花摘果，适时摘心，每年冬未到夏至前为盛生期，适当追肥，则可增加枝粗。

黄杨成型后不容易变形，主要是保持作品不衰退，枝条不老化。可两年带叶回缩枝条一次，让7~8节的枝重萌新芽，更换老弱枝，4~5年翻盆改植一次，则作品可长旺不衰。

病虫害防治 黄杨病虫害少，一般危害的有蚜虫、尺蠖。及时喷药防治，防治药剂可用90%敌百虫晶体1000倍液或20%速灭杀丁5000倍液。

图5-30 黄杨

黑骨香

　　别名枫港柿、黑骨茶，柿树科柿树属。黑骨香叶小，互生，鸡心形，革质，浓绿色。新芽叶嫩红色。灌木类。树皮、树根黑色。木质坚硬。生长缓慢，枝形上扬，多呈丛林状、连根状出现，常可遇到上好的丛林桩。成型的大树型作品只在台湾的盆景杂志上见到。花小，白色，生于叶腋。果豆大，熟时黄色。耐阴，喜微酸性土，耐干旱也耐贫瘠，是以观叶为主的盆景树种。分布于中国华南和台湾地区及越南。

　　育桩阶段　黑骨香采挖时间，立夏前较好。生长缓慢很难培育到粗枝托，故选桩要注意选取一些有自然枝爪的枝托横向生长的为好。黑骨香萌芽力强，发根快，故干、托、根基本上可以一次截到位。树桩截好后用清水浸泡24小时再用河砂种植，置半阴处，保持干身湿度，20天后截口可见黑色液体分泌，几天后萌芽，60天可见新根，成活率极高。

　　蓄枝阶段　黑骨香成活后可移放当阳通风处，施淡肥水，促使根旺枝壮。秋分后可按造型需要进行定托，把不需要的枝全部剪除，让养分集中到造型枝上。黑骨香根系壮旺后喜肥，可适当加大肥水的比例，7天一次水肥。盆面长期施放腐熟的农家肥，每次淋水时让养分慢慢溶解，有利树桩吸收。淋水要做到大旱大湿，不旱不淋，淋必淋透。小雪后停肥，完成一个生长周期的管理。值得注意的是在整个生长周期内，不要因为肥水短缺而出现生长迟缓现象。这样的管理，一个生长周期可培育到0.6厘米粗的枝径，两个生长周期可培育到1.2厘米的枝径，一般都可与原桩托相配，也即是两年可取得第一节。黑骨香四季长青，每季萌发新梢一次。故四季均可动剪；

每次修剪要待新梢老熟后方可进行，但以春秋二季为好。黑骨香不易失枝，可进行独枝修剪，萌芽后选留壮芽，一主一副，并要用铁丝把芽带弯，使枝横走，如果任由新萌芽自由生长，则全部向上生，很难达到横展枝的要求，这是要注意的。黑骨香须根不多，可5年改植换土一次，即使是育桩时的沙土，只要施足农家肥，5年后改植也不迟。每年重复上一生长周期的管理，直到作品基本成型。

　　成型阶段　中小型桩一般经5年的蓄枝养护，新培枝一般已有三节，可在清明前后进行改植换土，上观赏盆进行细致的造型管理。清明后全桩重剪，把树桩起出，修剪根系，选配合适的盆，用经过筛选的沙3泥7的混合土重新种植。生长正常后，恢复到以前的管理。用剪扎结合的方法加速作品成型。剪，清明前重剪最好。扎，烈日后的傍晚，当枝条软熟时，用金属丝圈绕枝条，按造型需要进行弯曲。要注意枝条的节律变化，刚柔互换，长短跨度交替使用，才能使造型枝曲线优美。随时摘除顶芽，促发侧芽，直至树型丰满，作品成型。

　　成型后期养护　作品成型后进入观赏期。要保持作品不变形，可减少肥水的施用量，以保持作品正常生长为度。随时摘除杂乱芽。每年清明前进行脱衣换锦一次，30天后新芽吐红时即为最佳观赏时间。黑骨香耐阴，一次足水后置于室内，20天不用淋水，待泥土变白时再淋一次透水，可在室内放置50天再恢复室外的正常管理，在岭南盆景中是室内摆设最长的树种之一。

　　病虫害防治　黑骨香病虫害少，每年冬至后注意用杀菌剂如多菌灵、代森锌喷施一次，则有很好的防病作用。平时常见的卷叶虫，一般农药即可防治。

图5-30　黑骨香

两面针

　　两面针别名入地金牛。芸香科花椒属。木质藤本；茎、枝、叶轴下面和小叶中脉两面均着生钩状皮刺。奇数羽状复叶，对生，革质，卵形至卵状矩圆形，无毛，上面稍有光泽，伞房状圆锥花序，腋生；花4数；萼片宽卵形，蓇葖果成熟时紫红色，有粗大腺点，顶端正具短喙。两面针分布于广东、广西、福建、湖南、云南、台湾等地。

　　盆景用作树种，主要是观赏其老干的凸凹嶙峋、花果的怪趣奇逸。

图5-32　两面针

　　育桩阶段　两面针的采挖以立春后立夏前较好。一般少见大桩，多为中小桩，悬崖形格较好。裸根采挖，一次性截到位，粗河砂育桩，成活率高。

　　蓄枝阶段　两面针成活后即可进入常规的大肥大水管理。枝柔软，不容易培育到粗枝托，叶有刺，容易伤人。故要放置在屋角地边，用竹竿扶引向上生长，几年不动剪，充分利用侧枝，以侧代干，才能较快地得到枝线。在枝法上可采用南北结合，长短跨度互换，软硬角互换加速作品成型。

　　成型阶段　当作品的骨架已定，不用再蓄剪粗枝时，即可上观赏盆进行精细的造型。立春后翻盆改植换土，20天后新芽萌发，常规管理。如果上一生长周期营养积聚充足，新萌枝一出来就有0.3厘米粗，一月后即可摘顶心，促使侧芽生发。随时摘除过密过大的叶片，让内膛疏空，光照充足，反复作业，2~3年幼枝密集，进入观赏期。

　　成型后期养护　作品成型后，即可进入以赏花赏果为主要目的的护理。两面针雌雄异枝，雄枝开花不结果，雌枝花果两宜。立秋后增施磷钾肥，促使新枝粗壮健旺，10月停肥控水，大寒后重剪，次年春，新芽萌动见花蕾，掌控得好，春节现花，香气袭人，喜庆吉祥。广东人喜称两面针为入地金牛，家中摆放，意头好，神韵十足。花后挂果，果密成簇，另有风味。赏果不能时间太长，太长容易空耗营养、伤树。一次赏果后要复壮2年。

　　病虫害防治　两面针主要虫害是天牛幼虫，防治方法同山橘、九里香。

山格木

山格木为常绿灌木，植株矮小，干径达3厘米的已是珍品。分大、中、小叶三个品种，小叶为珍品，中叶为上品，大叶为一般品种。叶片分布均匀，新叶为浅柠檬黄色，旧叶为翠绿色，老叶变黄后随之脱落。春秋季开浅绿色小花，结扁圆小果，花籽可种植，也可无性繁殖。广东各地山岗常见。在岭南盆景中，山格木是中小品盆景的上好桩材。

育桩阶段 山格木性喜温暖畏寒，家种宜放置在半阴湿润的环境下，水肥充足才能生长良好。采挖时间是立春后立夏前。可直接用河砂7、红泥砂3的混合土上盆培育，置半阴下，保持环境的湿度，30天萌芽，成活率高。

蓄枝阶段 树桩成活后薄施肥水，一任枝条疯长，不要急于疏枝定托，只有根系发达，枝才能壮旺。第二年春，疏枝定托，常规管理，山格木皮层薄，要经两个生长周期的营养积聚才会增厚皮层，才会减少缩枝的可能。山格木不宜多剪，两年左右长势旺盛时方可在清明前后重剪，整姿。要培育枝托要有足够的耐心。

成型阶段 5年后一般的中小桩骨架已定，可上观赏盆。春分前改植换土，30天后就可进入常规管理。山格木容易蓄聚幼枝，而防止枝条老化才是重点。作品成型不易，立冬后要加强养护，不要让干风吹袭，要置阳光充足、背风湿润环境下，才能长势良好。

成型后期养护 作品成型后，如果不参展，不要多剪，要让作品树势强旺，根系发达才能有好结果。一般两个生长周期后可脱衣换锦一次，这时是最佳观赏时间，要抓紧时间拍照留念。平时养护要到位，不可粗心大意，只有多付出才有好的回报。

病虫害防治 山格木病虫害少，偶有钻心虫和霉菌病发生，用硫黄、多菌灵合剂喷施可治霉菌。一般农药少量注射入虫眼可杀死钻心虫。

图5-33 山格木

石斑木

石斑木别名春花、雷公树、白杏花、报春花、车轮梅。蔷薇科石斑木属。常绿灌木或小乔木，高2～4米，枝粗壮，横展枝多。枝和叶在幼时有褐色柔毛，后脱落。叶片长椭圆形、卵形或倒卵形，长4～10厘米，宽2～4厘米，先端圆钝至稍锐尖，基部楔形，全缘或有疏生钝锯齿，边缘稍向下方反卷，上面深绿色，稍有光泽，下面淡绿色，网脉明显；叶柄长5～10毫米。圆锥花序顶生，直立，密生褐色柔毛；萼筒倒圆锥状，萼片三角形至窄卵形；花白色，倒卵形，长1～1.2厘米；雄蕊20；花柱2，基部合生。果实球形，直径7～10毫米，黑紫色带白霜，顶端有萼片脱落残痕。有大叶、中叶、小叶之分。大叶种、叶形较大、叶沿有粗锯齿，适宜作园林地景。中叶、小叶种可用作盆景桩材，特别又以叶小圆形的半灌木品种为好。花多、色红，是岭南盆景中既可观花又可赏枝干骨架的树种之一。

育桩阶段 春花的最佳采挖时间是冬至后立春前即春芽未醒时。盆景桩可裸根采挖，一次性截到位，尽量保留原有的中小根、须根，用粗河砂育桩。一次透水后，置阳光下，保持干身湿度，提高土温，加大日夜温差，20天后可见新芽萌动，40天可见新根，成活率一般。

蓄枝阶段 当树桩稳定生长后，即可进入常规的大肥大水管理，立秋后可疏枝、定托、顺角。小雪后停肥，完成一个生长周期的管理。重复作业，直到取得第一节枝粗方可在立春前重剪。春花枝硬脆，不容易拉弯整形。每次重剪后新萌枝要注意带枝顺角，才可取得满意的枝走方位。

成型阶段 春花生长速度适中，一般的中小桩经5～6年的蓄枝修剪，可取得4～5节枝，可上观赏盆进行精细的造型。大寒后重剪、翻盆、改植、换土。剪根、调根、调枝。20天后新芽萌动，常规管理，40天后可见花蕾，摘除花蕾，让新枝老熟。大寒后重剪，反复作业，直到幼枝密集，树冠丰满。

成型后期养护 作品成型后，进入赏花佳期。立秋后增施磷钾肥，促使当年枝壮旺、间节紧密。小雪后停肥，控水，让枝条老熟。大寒后重剪，立春后新芽统一、短密，春节前后见花蕾，3月初，繁花似锦，景色醉人。抓紧时间拍照留念。花后将花柄剪除，让二次芽生长。注意疏叶疏枝，不让内膛失枝，不让枝条老化、衰弱，则作品不变形。

病虫害防治 春花的病害主要是叶锈。每次新芽时喷施杀菌剂多菌灵、代森锌就能起到防治作用。

图5-34 石斑木

红牛

红牛也叫广东刺柊，大风子科刺柊属，小乔木或大灌木，花期夏初，果期秋末，高4～10米，树干常具硬刺。叶革质，椭圆形至矩圆状披针形或披针形，长5～8厘米，宽2～3.5厘米，近3出脉，侧脉4～6对；叶柄长约1厘米。总状花序顶生或腋生，萼片近卵形，长约1毫米；花瓣倒卵形，长为萼片的2倍；雄蕊长约6毫米，花药卵形；花盘8深裂；子房具侧膜胎座2～3个，每个有胚珠2棵，花柱粗壮，比雄蕊短。浆果红色，卵圆形，直径约1厘米，基部有宿存花被，顶端有宿存花柱。多见于山地的杂木林内或丘陵地区的灌木丛中。广东除北部外，其他地区及海南、福建、云南有产；越南亦有分布。

有大叶、中叶、小叶品种。盆景桩材以小叶种为好，叶小、较圆，抗病力强，少炭疽病害。

育桩阶段 红牛多为野生桩，采挖时间在大寒后春分前较好。裸根采挖，一次性截到位，尽量保留原桩的中小根是成活的关键。粗河砂育桩，置阳光下，保持水分稍足，40天后可见新芽，但发根不易，夏天要遮阳，能过冬的桩成活才有希望。

蓄枝阶段 树桩稳定生长后不要急于疏枝定托，让所有枝条疯长，常规的大肥大水管理，第二年立春后疏枝、定托、顺角。反复作业，直到取得第一节枝粗才可在立春前重剪。红牛多有大桩、特大桩，培育枝节时间长，要严格要求，注意各枝的枝走方位，枝线的节奏、韵律。当蓄聚有4～5枝节时方可重剪上观赏盆。

成型阶段 红牛根多为直根性，须根不是很发达，剪根上盆不能粗心大意，要找准季节、时间，要同育桩对待，才不会失桩。

上盆稳定生长后才能进入常规管理。适当控肥控水，促使枝条的间节短密。每年重剪一次，直到幼枝丰满。

成型后期养护 作品成型后，进入观赏期。红牛是以观赏枝条美为主的树种，枝线刚劲、硬朗，能很好地体现岭南盆景的枝法，故要在枝线的"四美"上下功夫，力求枝线尽善尽美。每年大寒后进行脱衣换锦，春节时，新芽红艳，喜气洋洋。3～5年翻盆改植一次，平时注意疏枝、疏叶、摘果。注意更新7～8节后枝，保持生长旺盛、不老化、不衰退。

病虫害防治 红牛的主要病害是炭疽病。可用70%甲基硫菌灵超微可湿性粉剂1000～1200倍液、80%炭疽福美可湿性粉剂800倍液、50%混杀硫悬浮剂500～600倍液、50%苯菌灵可湿性粉剂1500倍液，隔半个月1次，共防2～3次。

图5-35 红牛

配盆、装饰、题名

图5-36 石湾80年代的圆鼓钉、八宝盆

图5-37 石湾80年代大狮头盆、切角长盆

图5-38 石湾80年代高筒缠枝牡丹盆

图5-39 石湾80年代石榴盆、缠枝桃盆

图5-40 石湾陶架、石架

图5-41 木制高几架、矮几架

配盆

配盆装饰是岭南盆景中最后一环。俗话讲的"人靠衣装马靠鞍"。当我们辛辛苦苦把作品培育成型，进行"亮相"时，谁不希望得到大家的好评。"自己的孩子最乖"这是人之常情。

岭南盆景之所以被公认，最重要的一点就是具有强烈的地域特色。石湾陶器，有着悠久的历史，举世闻名。石湾陶盆才是真正正宗的岭南盆。故，岭南人玩盆景，配盆应首选石湾陶盆。

石湾陶盆器形多样，常见的有：长方、正方、斗方、圆形、高筒、海棠、鹅蛋、六角、八角、菱形、扇形、异形……

彩釉是石湾陶盆最具特色的表现。石湾釉色多姿多彩，丰富明丽，变化奇妙，以其浑厚、沉实，雅而不俗，艳而不妖而受世人称赞。常见的有绿豆青、冬瓜青、鬼面兰、白裂纹、石榴红、古铜、甜酱、雨云、星云、虎斑……

工艺一流。石湾陶盆从设计、书法、绘画、雕刻无不展现出作者的技艺和风格。有仿倪云林、仿芥子园画意的，有用隶、楷、行、草、篆书题词造句的，或竹、木、瓜、果为型的使作品倍添情趣、雅俗共赏。

石湾陶盆明清是鼎盛时期。20世纪80年代"石湾三厂"还有大量陶盆出口日本、海外。后渐改瓷砖生产。目前，中山尚有小厂继承。

石湾盆多种多样，配盆的标准是与树桩的形格相符，不大不小，不高不矮，色彩和谐，协调统一。

　　盆景的作用是观赏、美化环境、愉悦情感。是社会文明的体现，是社会效益的发挥。

　　桩、盆、架三位一体是盆景的基本概念。不同的环境，采用的几架不同，总的原则是与环境协调统一。

　　摆设盆景用的几架有多种，有木架、铁架、树根架，陶架、石架……不管何种架都要与桩的形格、配盆、周围环境相融洽，整体氛围和谐。

装饰

　　盆面装饰以青苔为好。青苔繁殖如下：①将生长在山林、庭院、潮湿地的青苔挖起，直接移植到盆面上。②利用换植过的旧土，放在木箱中，然后再把剥掉泥土的青苔放入其中，置于阴凉处，时常浇水，小心照顾青苔就会长得很茂盛。③将青苔晒干，在移植换土后，用手将青苔与剪细的水苔混合撒在盆面或雅石上，较易生青苔。④在浇水时特别添加淀粉质（洗米水）较易生青苔。

题名

　　讲究"诗情画意""主题思想"是中国盆景区别于其他国家盆景最为重要的特征。

　　好的盆景，作者在树桩刚开始截锯时，就有明确的创作思路，所要表达的主题思想。随着作品的逐步成型，作者渗进的情感更充分、更突出、更完善，作品也就越圆满。

　　题名，能引起观赏者的共鸣，提高观赏者的感悟，得益无穷。

　　中国画中的清供，就有很多的盆景题材。一幅好的盆景摄影，就是一幅好的清供图。"诗、书、画、印"四位一体，最能体现中国盆景的特色。

图5-42　树根几架

图5-43　景盆架、书画印，最佳的盆景展现

题名：云海游龙　　树种：黄杨　　作者：李立均

第六章 >>

作品赏评

题名：公孙乐　树种：山橘　作者：李士灵

岭南盆景重在诗情画意。重在自然野趣，重
在枝线的力度美、节奏美、韵律美、空间变
化美，重在年功的表现，这在《公孙乐》中
得到很好的体现

赏谢淦辉先生的金奖作品《横林待鹤》

在第十届粤港澳台盆景艺术博览会上给我印象最深刻、最具震撼性的就是谢淦辉先生的这一雀梅作品《横林待鹤》。首先这是一件新面孔的作品，就我所知这是第一次参展，作者我也不认识。第一次参展就得到众多评委的认可拿到大奖实属不易。

整体大效果 作品取多边形构图，树势左张，相横展，集丛林格与古榕格于一体，雄、透、清、奇。三组气根是作者点睛之笔，起到稳定全局的作用。雄浑、厚重、繁密的横角枝达密不透风、疏可跑马之意。雀梅是最具岭南盆景特色的树种，成熟度能达到谢先生这一作品水平的并不多见，可见作者技艺之高超。题名《横林待鹤》，充满诗情画意。

根盘树干 作品原桩是一尖脚锥立5杆桩，现时所见的左右两组气根，起到稳定全局的作用，不管是原有，还是作者后天培育都是作品造型成功的关键。作品根、干、枝剪截合度，采用纯岭南枝法，刀刀见真功。作品健康、充满朝气，主体、客体、陪体一目了然。左右开张而势韵统一。

枝爪布局 作品可见多重干、枝前后重叠，纵深繁茂而不显挤塞。各干采用散枝结顶，树相矮霸大气，脱衣后寒林相尽显。内膛的繁密与外围的疏空，矛盾的对立统一产生强烈的艺术效果。

配盆装饰 熟褐色的林、红褐色的矮几两者色彩协调统一。如果改用白裂纹釉，整体效果可能更佳。

小浦闻鱼跃，横林待鹤归。清幽静穆的氛围印证了陆游《柳桥晚眺》诗意。

岭南盆景能得到全世界的推崇认可，首先一条就是在枝法上力求"四美"见年功。从而经得起近身细心观赏把玩，趣味无穷。

题名：横林待鹤 树种：雀梅 作者：谢淦辉

造型分析

赏吴成发、陈昌、黄就伟岭南盆景精品展中三角梅附石《紫霞梦锁木石盟》

附石盆景是岭南盆景众多造型形式中的一种。讲究的是树石一体，浑然天成。其中又分根附石和干附石。《紫霞梦锁木石盟》属干附石。作者首先选好石材并加工做好底座后再选取三角梅小苗附在石的根部、苗干依石的形态贴附而上，其后随着培育时间的增长，小苗长大增粗，干与石隙间的空间越来越小，直至填满石隙、外包石隙，期间不断地进行截干蓄枝，并依作者的主观意识和作品的主题需要进行定托造型。经10～20年的聚蓄剪截最后才成景。"一寸枝条生数载，佳景方成已十秋"，这道尽盆景制作的艰辛。

整体大效果 作品苍古劲健、雄浑秀丽、树石一体、制作难度高，给人心灵震撼之感。构图取开口大圆环状，取势左张右缩与石的态势完美结合；树干与石材天衣无缝，干身在石的1～2两处为石所遮掩，尽得国画中"欲露先藏""犹抱琵琶半遮面"之美；树石依偎、生死相依，

题名：紫霞梦锁木石盟

造型分析

很好地表达了木石盟的主题，如果是一树紫花之时，则《紫霞梦锁木石盟》的主题尽显无遗。

根盘树干 三角梅是速生性树种，但根不发达，该作品干材很可能是扦插苗培植而成，现根板强劲四歧，树干逐级收尖，龙蛇般扭动挪行、屈曲盘旋、藏露相宜，与石材浑然一体，刚者特刚、柔者特柔，树石对比强烈、个性张扬。

枝爪布局 作品主动势线明显：A为左前枝，B为右后枝，两枝互为依补；C正左枝、D左后枝。前枝后枝依干、石或掩藏或裸露，整体布枝四歧。A是作品造型中的重点枝，枝线起伏跌宕、伸曲自宜、尽得草书线条中的力度美、节奏美、韵律美、空间变化美。半圆结顶，团峦厚重。前枝、后枝点缀干间，露藏有序、相映成趣。幼枝、横角枝密集成簇，而其外围空间又疏空灵秀，尽得"密不透风、疏可跑马"之理。

配盆装饰 作品配用熟褐色紫砂长方盆与树干、石材的暖色调和谐统一，黑褐深沉色的几架稳重端庄；长眉老纳置于盆左，在整体构图中起到加强视觉注意的作用。

《紫霞梦锁木石盟》采用纯岭南盆景技法，但其整体大效果中又含有台湾盆景中慎密细腻的影子，两者相得益彰。不囿于成法，"无法之法为至法"，这，才是盆景创作的最高境界。

赏张新华作品雀梅盆景

因材造型是岭南盆景创作过程中的一大特点。它充分利用了野生桩材的原有个性，在肯定桩材的优点时，尽可能地把不利于盆景造型的因素利用起来，将桩材的缺点降至最低。好的桩材容易出好的作品，而真正的高手，却能从一般的桩材，甚至是有缺陷的桩材中发掘精华，制作出不一般的作品来，震撼人心，这才是高手中的高手，值得我们学习、再学习。

张新华先生的这一雀梅作品，第一眼给我的印象是选桩"犯忌"，桩材中的三个原桩托，主、次不分，呈山字形，（见右下图中A、B、C三干的主动态线）。但桩材下部老劲、扭筋转骨，坑、稔显露，十分耀眼。如何化解三干间的缺陷成为这一作品成功与否的关键。

首先，作者在截桩上吸取自然形态，没有进行过多的截切，保留原桩相。但在后天的培育管理上、造型技法上下足功夫。造型的整体大效果吸取日本和我国台湾盆景造型精华，成大花A形，注重外围的整体结构，可远观其形，又可近观其骨；但，枝法上又以岭南的剪蓄为主，枝线曲折多变、枝形繁茂团峦、布枝四歧、空间占位得法，甚得岭南枝法中的剪蓄神髓，其中每干又独立成一小树，可独立观赏。作品整体树相厚重、繁复，有自然界百年古榕的韵味，魅力无穷。

作品配盆合理，冬瓜釉的长方盆、葱绿的盆面与熟褐色的树身对比强烈，新绿点翠，生机勃勃。

因材造型，其味无穷。张新华先生这一雀梅作品，可说是这一风格的典范。

树种：雀梅 作者：张新华

造型分析

赏冯龙生先生的山格木作品《大团结》

这是阳江市江城盆景协会会长冯龙生先生的山格木作品。桩高55厘米，左右展幅50厘米，根头径15厘米，最大干径3厘米。一本9干，培育时间16年。

山格木是岭南盆景中的常见树种，叶小，是一四季常绿的灌木植物。干径最大3~5厘米，一般来讲能找到3厘米的桩已是极品。这桩同头9干，集丛林格和古榕格于一体，对于表现《大团结》这样的主题，具有先天优势，这，更为难得。

韦金笙大师讲：国际盆栽看重欣赏形象美。中国的盆景源于自然，高于自然，不仅欣赏形象美，同时通过欣赏形象表现出来的境界和情调，诱发欣赏者的共鸣，进入作品境界的意境美。故中国创作的盆景都予题名，通过题名，概括意境特征、神韵，表达主题，使欣赏者顾名思义，对景生情，寻意探胜。这就是中国盆景所具有的最为重要的内涵、意蕴，也是中国盆景赏析的最为重要的着眼点，更是中国盆景区别国外盆景之处。

家庭团结则事事兴旺，民族团结则国家安定，百废俱兴。举国兴旺、社会繁荣、和谐社会、安定团结是党和人民最大的愿望。作者是公务员，《大团结》的题名很具个性和时代气息。

构图取势　作品构图取等边三角形，势态中正稳定。主干中正健旺，其余各干紧密团结在主干周围，势上耸、外张、朝气蓬勃、力感十足。

神韵创意　作品根基稳固，雷打不动，风吹不倒；枝密繁茂、蒸蒸日上、兴旺发达。

制作难度　山格木生长速度慢，培育时间长，故蓄枝慢，制作难度高。

根盘树干　作品头根裸露、有坑有稔、有筋有骨；爪根如钉似铁，四方锚定；各干顶枝培育到粗，顺接自然，健康、劲健、壮硕，铜皮铁骨，铮铮有声。作品分组明显，2、3、4、5干为一组，1、6、7、8、9干为一组，两组紧密相依，团结一致。1干为主体，高大、中正、威猛，起着统领全局的作用。2、3干为客体，起着辅导、帮补、协助作用；4、5、6、7、8、9干为陪体，起着实力、战斗的作用，各干正如军中各部级，职责分明，各司其职。

枝爪布局　从古榕格来分析，1、2、3干可看作是古榕的三大干，4、5、6、7、8、9干可看作是各大干的枝托。9和B构成等边三角形的底边。各枝分布：E左前，9正左，8左后，7正右，A左前，6、5正后，D正右，C左后，B右前。各枝托分布合理，主次脉明显、疏密相宜，尽显枝线"四美"。各分级枝呈鸡爪状、雄劲有力。

配盆装饰　作品现时配盆过大过厚，几架也应是平板式的或书卷式的为好，这样更能显出树相的高大雄壮，突出强化主题。

冯龙生先生是一平民式的盆景玩家，盆景是他的业余爱好，不追名不逐利，而长于对技艺的研究，造型的探讨。我希望不久的将来他有更多更好的作品面世。

题名：大团结 树种：山格木 作者：冯龙生

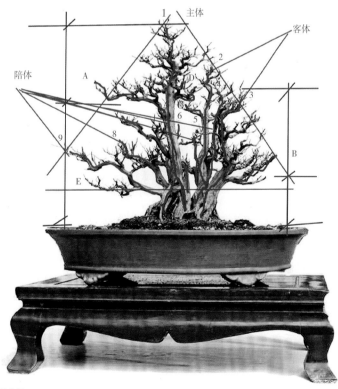

造型分析

赏黎德坚先生真趣松作品《龙子探海》

真趣松是海岛罗汉松的一变种。罗汉松有多种变异，有大叶、中叶、小叶之分，叶芽有红芽、绿芽之别。其中又以短叶、叶尾半圆的菊花心状者为好。黎德坚先生培育的真趣松新芽娇红艳丽，间节短密，萌芽率高，可塑性强，深受人们赞颂。

《龙子探海》是黎德坚先生最具代表性的作品之一。造型上没有采用纯岭南的剪蓄技法，而是充分利用了原桩材特有的个性、枝托，因材造型，南北结合，大大缩短了作品的成型时间。从下图主干的运动线可见，A、B、C是原桩的三段主曲线，D为后续线。A段犹如壶口瀑布崩崖直泻，气象万千，力感、动感十足。B段为主干精华，江流直下后如受巨石阻挡，逆起后再翻转顺流而下，汹涌澎湃实得书法中欲下先上之趣。C段继续回朔下跌，增强主势韵。D段平波曲折，远泻千里。"大江东去""黄河之水天上来""蛟龙探海"，意韵深远、境界高古。188厘米长的主干，翻卷灵动，跌、荡、起、伏，思悠悠，幸悠悠。

作品健康，朝气，灵动，活泼；枝发四歧，团峦厚重；叶片层叠，疏密相宜；新芽红，老叶绿，繁花点点，姹紫嫣红。

墨绿色高筒盆、嫩褐色四方架。景、盆、架三位一体色彩协调统一，极具视觉冲击。

题名：龙子探海　树种：真趣松　作者：黎德坚

造型分析

赏刘耀辉先生海岛罗汉松藏品《腾龙》

这是一绿芽的热带海岛罗汉松品种。叶较短，长4~5厘米，叶尾呈半圆状，叶间节密，萌芽率特强；枝条修剪后剪口处能萌生簇芽，可让作者选取到方位满意的后续芽；枝条生长速度适中，能培育到较大的粗枝，截口愈合性能好，能形成非常美观的"马眼"；根系发达、健旺，须根钻盆底滚盆内壁，根瘤菌多，即使少施肥也能生长良好；病虫害少，喜肥喜水，管理粗放，是岭南盆景树种中的上上之选。

该作原桩生长环境恶劣，长期受海风侵袭，高不盈尺，呈左流势半悬崖水影态。干身动态线呈"M"字形，翻卷滚动、扭筋转骨，半边枯死成天然舍利状，半边生态青葱，枯荣对比强烈；主根入盆深，稳定全桩重心，右向双根裸露、高悬，锚固，左向根依附主根入盆，壮大主根势韵。全桩古朴苍劲，先天美感十足，实属难得上上好桩。

原桩截后应是光身桩，没有原托可利用，现见A、B、C三托枝应是后天蓄养。A托为全桩重点，该托位置正好在干身穿顶上，在造型上属脊枝，是枝托造型中的大忌，但作者造枝水平高超，第一节枝，短，取藏态，第二节枝后留四向芽，前后左右横向生发，化解了脊枝中露脚垂插穿顶的矛盾。第二托枝B在第二穿顶稍下位，没脊枝之嫌，造型上与A托异曲同工，一主一副加强全桩枝的量感，在A托C托间起一承转过渡作用。第三枝托C右昂，回顾顶托A，起收结之意。三托枝分布中的起、承、转、合，与干身的起伏，韵律统一，顾盼相宜，

故能以少少，胜多多。枝法上南北结合，采用以剪蓄为主，缠绕、拉扎为副的办法，既注重局部又偏重整体，可细赏枝的骨架，又可整体赏外观，集南北之长别有新意。

作品新芽短密齐一，绿翠娇艳，清新可人。整体效果赏心悦目，人见人爱，喜庆吉祥。

配用熟褐色反边六角鼓形盆，黑褐色圆几架，景、盆、架三位一体，和谐统一。

"龙"是中华民族的图腾，中华民族是炎黄的子孙，是龙的传人，《腾龙》是中国人定可实现的梦想。

题名：腾龙　树种：海岛罗汉松　作者：刘耀辉

造型分析

赏第十一届粤港澳台盆景艺术博览会银奖
吴成发藏品博兰盆景

岭南盆景在评比欣赏时，十分注重作品的年功。所谓年功，即是作品整体效果中展现出的由作者在创作过程中通过时间和技艺所完成的艺术效果。也即是我们常讲的"成熟度"。

岭南盆景的成型过程是分阶段来培育的：选育桩阶段、蓄枝阶段、成型阶段、成型后的养护。由一光身桩，再由新芽开始，培育到枝繁叶茂，10~20年是它必须的过程。人的一生有多少个20年？由此可见作品成型的艰辛，年功的不易。

在吴先生众多的作品中，这是一以年功见长的作品。博兰，是海南特有品种。该作品属古榕形格，一头多干，古朴苍劲，雄浑厚重，特别难得的是干身只存活半边，舍利裸现，仅靠一皮层维系生命，但却枝繁叶茂、欣欣向荣。密集的布托，繁、曲、细、簇的鸡爪枝，使作品充满霸悍之气，豪气万丈，雄极一方。其中，巧妙地留有大小不一的多个"气眼"，透气，灵动，从而打破闭塞、压仰之感。作品头、根高裸，袒胸露腹，光明磊落，一身正气。

作品集我国台湾和日本盆景的造型风格于一体，在岭南盆景中另树一帜，难能可贵。

作品配用蛋形紫砂盘、矮方几架，桩、盘、架三位一体，协调统一，是不可多得之作。

树种：博兰　作者：吴成发

赏黄景林先生朴树作品《古朴雄风》

岭南盆景最大的特点是截干蓄枝。每枝都是通过不断的蓄与剪逐级收尖达到枝线的"四美"。

岭南盆景讲究选桩，要求桩有形格、有特点、有个性。

岭南盆景讲究诗情画意。讲究桩、盆、架三位一体。

这一作品最能代表岭南盆景常规的矮大树造型。从选桩、截桩、定托、枝走方位、结顶，枝的展幅、作者都深思熟虑。每一条枝都要15~20年的时间。每个马眼都圆滑愈熟。这就是岭南盆景的年功。相对一些用扎的办法，一节都不剪收尾的枝在枝的力度美、节奏美、韵律美、空间变化美上就耐看得多。这也就是岭南盆景足以傲人的地方。

整体大效果 树身拔地而起，稳如磐石，如醒狮般威猛雄健。第一眼就给观赏者一种心灵上的震撼，雄风扑面。

根盘树干 干身古朴、苍劲，过渡自然，有坑有稔。马眼圆滑、深邃，魅力无穷。主根右拖，左根爪立，雄霸四方。

枝爪布局 不等边三角形构图。布枝四歧，A正左转右前，B正左，C左后，D右后，F正前，E正后，M正左，N正右。各枝间留空布白合理，不挤塞不拥堵；主次脉清楚，各枝层次分明。右飘枝为全桩重点枝，横空而出，舒展自然，尽得枝线"四美"；幼枝细密，年功显现。

配盆配用长方形熟褐色紫砂盆，恰当稳重，红褐色矮几，茶褐色树干，整体色调和谐统一。

中国是一古老的大国，中华民族是一古老的民族。《古朴雄风》民族的灵魂、民族的骄傲。

题名：古朴雄风　树种：朴树　作者：黄景林

造型分析

赏徐闻先生朴树作品《绝代双娇》

朴树在展场上多见的是矮大树形格的大型、特大型作品，动则要三几人或吊机才能搬动。像这样精炼、简约的中小型作品还真不多见。

好的桩材容易出好的作品，这是玩盆景人的共识。而一般的桩材能玩出好的作品才是高手中的高手。徐闻先生这一作品就印证了这一说法。像这样平淡的一般化的毫无特色的双直干小桩，在桩市上很难卖出去。但徐闻先生慧眼识材，就是用这样的桩材制作出不一般的作品来。

整体大效果 作品以清秀、自然为主调，追求自然野趣。枝多潇洒飘逸，以软角居多，没用常见的硬角枝，以娇见长。柔中带刚，媚而不俗。双干都采用散枝结顶，在清秀中见雄奇。

造型分析 造型上深得形式美的神髓：重心、对比、争让、节奏、韵律、和谐、统一、无一不中规中矩。

①采用等边三角形构图，桩植盆正中，端庄、稳重、正气、大方。布枝四歧：A左前，B右前，C正右，D左后，E右后。②主、副干重点枝落点黄金位。各干争让得体。③主、副干都采用双枝结顶。造型秀茂、骨格清奇。④左重点枝A走位左前，右重点枝B走位右前，两者形成新月形给人亲切拥抱的感觉。⑤作品题名与桩、盆、架整体神韵协调一致，和谐秀美。

形式美是造型艺术的美学基础，运用得当，则一切可迎刃而解。

题名：绝代双娇　树种：相思　作者：徐闻

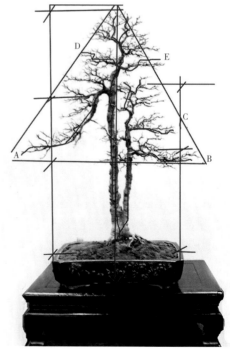

造型分析

赏萧庚武先生朴树作品《历尽沧桑畅飘悠》

沧桑是时间的代名词。老，不一定沧桑。而这作品明显地凸现了老与沧桑。

桩材应是一段直干的朴，不管是人为的或是天然的，这中空的干身，撕出来的副干，崩崩烂烂，都给人满目悲凄之感，它展露的是一种残缺之美。化腐朽为神奇，就是该作品魅力之所在。

这是一个纯以技艺为主，进行后天加工的典范作品。

作品为双干式公孙格造型。很明显，副干是从主干上撕出的。主、副干仅剩一皮层，但却生机蓬勃，欣欣向荣，飘悠自得。中正的干身，残而不屈，钢铁般的意志，百折不挠。

作品采用不等边三角形构图，布枝四歧，主、副干重点枝落点黄金位。A为右前枝是作者心血的结晶，力度、节奏、韵律、空间变化，表露无遗。前枝L、E为点枝态，处理得非常有特色，既不顶心又不耀眼。C左后，D右后。E右前，与A成双飘枝，既加强右飘大势又起到补空的作用。B左前。整体布局疏密相宜。副干紧依主干，生死相伴。

思悠悠、幸悠悠，遐想无边。

作品桩、盆、架三位一体。但配盆色彩过于鲜艳，与整体不协调统一，如果是白釉或熟褐，效果将更好。

题名：历尽沧桑畅飘悠 树种：朴树 作者：萧庚武

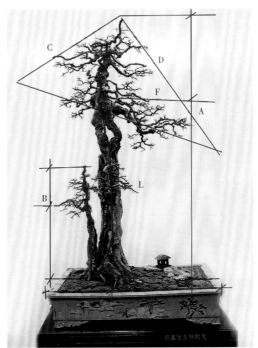

造型分析

赏卢国威先生水旱作品《独钓寒江》

水旱盆景除了要懂得玩树桩的一切技艺，还要懂中国的山水画画理，更要懂得形式美里面的比例、透视、开合……水旱盆景的构图，实际上就是山水画的构图，只不过它是一种有生命的艺术，有生命的画面。

该作品的主体是一棵临水型格的山橘。桩不大，但桩形好，正如村口、渡头中的古榕大树，给人十分亲切的感觉。作者在树桩成熟后，用作水旱，两相益得，好处多多。

造型分析 ①扩大了作品的体量，又使作品的境界、意境得到升华。②布石细致，水旱界面划分回旋曲折，纵深感强，构图大开大合，境界开阔，气象万千。③点景人物放置在画面的黄金位置，加强视觉注意，成为点题之笔。④树桩干身曲折、扭动，搭配A、B双飘枝，使作品动感更强，律动性、节奏性更好。⑤布枝四歧，枝走方位：A，B右前，C左后，D正左，E正下，F后。疏密得当，右争左让，整体势韵统一。

好的水旱盆景会给人亲历其景之感，可居可游，如身在画图中。

不足 绿叶青葱与寒江点题不符，点景人物与房屋比例稍大。如果是脱衣寒树相效果将更好。

题名：独钓寒江　树种：山橘　作者：卢国威

点景人物放置黄金位
小枝下垂引导视觉注意

造型分析

赏易海生的盆景作品《故乡情》

相思盆景业内也叫朴树，是岭南盆景中最为常见的树种之一。其生长速度快，容易培育到粗枝托。故每一次大型的盆景展场上，都多见其踪迹。就《故乡情》这一配用80厘米盆长的作品，与那要动用叉车吊机的同一树种作品来比较，可真是"小儿科"。但从作品的截蓄、立意、构图、枝托的争让、空间分布、枝线的剪蓄效果看，都不失为一件好的作品。

整体大效果 作品属斜干矮大树造型。构图取等腰三角形，重心落在盆内，左飘枝左伸取水影枝式在稳重中求动感求变化；整体造型，枝线繁茂，取势左张，左重右轻，稳中有险；板根劲健、爪立，根基稳固；与几件英德石、一方水面，一渔翁即营造出南国常见的水乡村头景象。"故乡情"的点题，进一步加强了作品的意境和艺术效果。童年的记忆、梦幻中的"桃源世界"一切一切……唏嘘中，唯悠悠我心知。

根盘树干 板根劲健、四歧开张、凸凹、嶙峋、苍古；干身顺接、健康、斜立、势外张与根承接好，气韵流畅，协调统一。

枝爪布局 作品由A、B、C、D、E、F、G、H八枝托构成造型骨架，各枝托定托位置准确，空间分布合理，主次脉分明，枝线软硬角相结合，长短跨度互换，刚柔并济，争让得宜，极尽岭南盆景枝法中的剪蓄神髓。散枝结顶，势雄，相厚。重点枝出枝位置好，落点干身黄金位，符合形式美审美标准。培育时间长，树相成熟，幼枝、横角枝密集与枝的主次脉对比分明。内腔疏空，气韵流畅，前后枝定位好、空间占位好。树相饱满、厚实。各枝走方位：A正左转左前，B主脉直上副脉右前，C正左，D主脉右后副脉正前，E左后，F右后，G正前，H正后，各枝走位合理，空间占置好，整体枝相疏密自如。

配盆装饰 配浅白色云盆，树植盆右，左留水面空间，一持杆渔翁置飘枝下，引发观赏者的视觉注意。绿苔、白盆、灰石、褐干，色调协调统一。

古人云："盆景的大小以室内摆设为宜"。小有小的好，只要能表现出岭南盆景的特色、神韵的作品就应是好的作品。"故乡情"点题明确，意蕴深远，应是一件值得深切探讨、研究的好作品。

题名：**故乡情** 树种：**相思**

作者：**易海生**

造型分析

赏萧庚武的金奖作品《公孙乐》

这是一件桩材很一般的作品，平常玩大桩盆景的人在桩市见到这样的桩都不一定会购买，因它实在是太一般了：主干就拇指粗，副干一点点而已。但作者就是看中了它双干通直中所寄予的不偏不倚、不屈不挠的精神，认真地从"以小观大"的盆景特点出发来进行创作。作品着重于后天的培育，在制作、技艺、管理上下功夫。

整体大效果 首先，作者在创作的指导思想上具创意性，作品的形格、立意强调为高耸、双干文人格，屏弃素仁格的淡泊、清高、简洁、无为中的禅意，而采用中庸、秀茂、飘逸、入世的文人格，树相秀慧，简洁中带有雄意，故神完气足，枝爪关情，耐人细心观赏；构图、取势，主副干树冠由两个不等边三角形组成，势态、神韵基本一致，而整体又统一在一高瘦的矩形内，给人一种亲切、端庄、肃穆之感。从而使观赏者眼前一亮，在观感上引起共鸣。作品年功显现，无匠气，培育管理得法，枝爪健旺、壮硕、铁骨铮铮，技术难度高。

根盘树干 作品同头同根，一本同源。根，四歧爪立；干，通圆通直，健康、无大伤口，一身正气。

枝爪布局 作品采用纯岭南枝法，每一曲、每一节都是由芽而枝蓄剪出来，尽显枝线的"四美"，刀刀见真功。在布托上有胆识，主干仅三托一顶，每一托枝又如独立的一棵小树，再次分出枝托，使树相出枝达到四歧，树形丰满的艺术效果。A为重点枝，枝走方位是由出枝时的右后位翻滚扭动到现时的右前位，期间主脉如游龙般，采用软硬角和长短跨度互换的办法取得最佳的枝线空间变化效果，副脉A1左后、A2正右，A3正后。B枝主脉走的是正左位，副脉B1是正前、B2是左后、B3是左前。C整体属后枝，C1是右后，C2是左后。顶托属散枝结顶，主脉走位正右，副脉前后左右四歧分布。各枝托的主副脉走位清楚，疏密得宜，分级小枝短缩紧密如鸡爪般苍劲有力，突显出岭南枝法的阳刚之美。副干由D、E、F三大托和一顶托组成。主脉D右前位与主干重点枝A走位相同，副脉D1右后。E主脉左前E1正前。F正左。主副干在布托上异曲同工，各司其职。两者相依相偎，情深款款。很好地表达了《公孙乐》的主题。

配盆装饰 作品配冬瓜青釉方斗，庄重大气，平板式的托几很好地突出桩体的高耸，整体色调和谐统一。配饰人物位置好，是点睛之处，但人物为两老翁，很难给观赏者有公孙之感，犹如鸡肋，如果改为一老一小效果必好。

萧庚武先生是一平民式的盆景玩者，能制作出如此精致动人的作品，值得每个玩盆景的人认真思考学习。

题名：公孙乐 树种：雀梅 作者：萧庚武

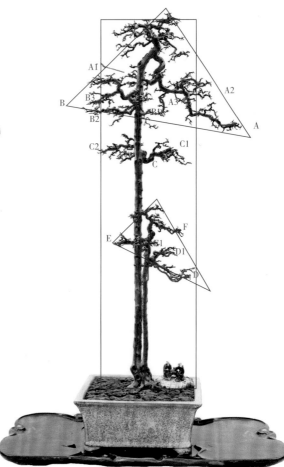

造型分析

赏李士灵先生的金奖作品《公孙乐》

山橘最大的优点是耐阴，耐干旱贫瘠，生命力强旺，即使虫镂蚁蛀，仅剩一皮层，也能枝繁叶茂。萌芽后成枝角度以硬角居多，极得枝线的刚阳之美。山橘生长速度慢，成型后不易变形，是岭南盆景中的热门树种。

山橘盆景的制作有几大难关。①育桩成活难度大，对季节、气温、育桩管理要求高。②蓄育第一、二、三节枝难度高，时间长。③剪枝、换土时间要求季节性强。④虫害多，特别是钻心虫为害大。⑤花多、果多浪费树身营养。李士灵先生的金奖作品《公孙乐》干径仅8厘米，高90厘米，盆龄已在20年间，可见成型不易。

整体大效果 作品属典型的一大一小（小干为后天培育）双干形格。主干右向斜立，重点枝高位放出，势态右引与孙枝呼应，取势险，震撼人心（与常见的配左拖枝造型有出新的地方）；根左拖，配孙枝稳定重心，稳中求险、求势、求突破；整体神韵健康向上，充满天真、浪漫情趣；桩身健康无大伤口，所见枝托全为后天蓄育，各级收尖枝线清晰可辨，刀刀见真功，培育时间长，制作难度高；和谐社会，安定团结，老有所乐，主题鲜明，人人向往。

根盘树干 作品根头部和干身有坑有稔，扭根转骨，老而坚硬，充满力感；孙枝培伴膝前，活泼天真；双干收尖顺畅、自然，年功显现；根平浅、四歧，左拖根突显，张力足。

枝爪布局 作品主、副干重点枝A和G布托干身黄金位。主干重点枝A由出枝时的右后位翻滚扭动到现时的右前位，空间变化大，采用软硬角和长短跨度相结合的办法，突显枝线的"四美"。B由左后转正左、C右后，D左后，E右前，F正前，各枝定托准确，空间走位合理，整体效果疏密相宜。作品取等腰三角形构图，重心落在盆内，险与稳，老与嫩，矛盾的对立统一，尽善尽美，相得益彰。

配盆装饰 作品配白色裂斑釉浅四方盆，色彩过于突出与绿草、茶色几架不大协调，平矮的板面几架也比不上常见的半高几架好。

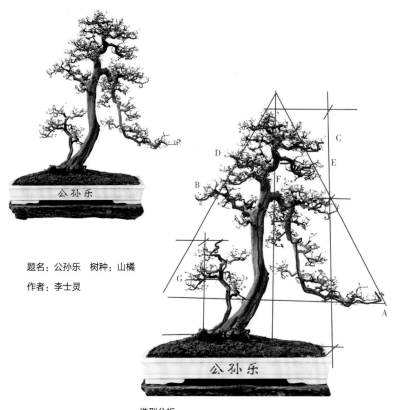

题名：公孙乐　树种：山橘
作者：李士灵

造型分析

第七章 》

新品欣赏

摄影：曾宪烨

题名：百子千孙　树种：黑骨香　作者：吴计炎

题名：垂钓　树种：两面针　作者：林兵

题名：才贯二酉　树种：黑骨香　作者：陈伟楠

题名：淡泊明志　树种：山橘　作者：曾宪烨

题名：春意盎然　树种：三角梅　作者：何奋谦

题名：姹紫嫣红　树种：红果子　作者：曾宪烨

题名：飞天　　树种：山橘　　作者：曾宪烨

题名：风华正茂　　树种：罗汉松　　作者：曾广荣

题名：父子情深　　树种：山橘　　作者：陈焕登

题名：故乡明月　树种：清香木　作者：陈迎凯　何兆良

题名：鸿运长行　树种：红牛　作者：徐伦灿

题名：故乡印象　树种：桑树　作者：袁欧明

题名：吉祥三宝　树种：山橘　作者：陈焕登

题名：惊蛇入草　　树种：山油柑　　作者：曾宪烨

题名：竞秀　　树种：雀梅　　作者：杨杰斌

题名：追月　树种：黑骨香　作者：谢克荣

题名：峥峥傲骨　树种：山橘　作者：吴小良

题名：左右争辉　树种：山橘　作者：曾广荣

题名：九天揽月　　树种：两面针　　作者：侯增华

题名：绝代双娇　　树种：山橘　　作者：邓旋

题名：老当益壮　　树种：博兰　　作者：黄家升

题名：老骥伏枥　树种：九里香　作者：曾广荣

树种：罗汉松　作者：温雪明

题名：岭南春色　树种：榕树　作者：徐敏杰

题名：梅林春晓　树种：雀梅　作者：杨集河

题名：漠江风情　树种：山橘　作者：邓旋

题名：泻绿　树种：黄杨　作者：侯增华

题名：漠江双娇　树种：春花　作者：冯龙生

题名：母子情　树种：山橘　作者：陈焕登

题名：母爱　树种：山橘　作者：吴小良

题名：南国三月　树种：两面针　作者：黄震宇

题名：宁静致远 树种：三角梅 作者：卓建成

题名：秋色·赋 树种：紫薇 作者：袁欧明

题名：青龙探涧 树种：山橘 作者：李立均

树种：榕树　　作者：潘满成

题名：孺子牛　　树种：红果子　　作者：曾宪烨

题名：赛龙夺锦　　树种：山橘　　作者：曾宪烨

树种：雀梅　　作者：张新华

题名：双飞蝶　　树种：红果子　　作者：曾宪烨

题名：师徒情深　　树种：山橘　　作者：黄石

树种：酸味林　作者：吴长显

题名：横空出世　树种：山橘　作者：曾宪烨

题名：同胞兄弟　树种：春花　作者：曾宪烨

树种：水横枝　作者：区永林

题名：五子登科　　树种：两面针　　作者：王鲸鹏

题名：闲庭信步　　树种：海岛罗汉松　　作者：曾宪烨

题名：鹭城春晓　　树种：朴树　　作者：黄光伟

树种：相思　　作者：曾之湧

题名：雄霸千秋　　树种：九里香　　作者：曾广荣

题名：野旷天低　　树种：山橘　　作者：古高明

题名：一家子　树种：五针松　作者：王鲸鹏

题名：依恋　树种：山橘　作者：黄石

题名：一帆风顺　树种：黑檀　作者：吴计炎

题名：依峦湖畔　树种：山石榴　作者：徐伦灿

题名：有容乃大　树种：三角梅　作者：曾宪烨

题名：迎客　树种：山橘　作者：赖永雄

树种：雀梅　　作者：区永林

题名：玉女梳妆　　树种：山橘　　作者：冯龙生